Vielfalt der Mathematik

Reihe herausgegeben von

Anna Breger, Wien, Österreich

Alexandra Edletzberger, Fakultät für Mathematik, University of Vienna, Wien, Österreich

Die Buchreihe präsentiert die Vielfältigkeit der Mathematik durch Portraits von erfolgreichen Mathematiker*innen, die Einblicke in ihren ganz persönlichen Werdegang und ihr jeweiliges Forschungsgebiet geben. Das Ziel besteht darin, die Bandbreite und Heterogenität der Forschungsbereiche und der Persönlichkeiten abzubilden. Die Bücher sind so konzipiert, dass sowohl Personen mit als auch ohne mathematischem Fachhintergrund neue Einblicke gewinnen können. Die Themen, denen darin Raum gegeben wird, beleuchten die verschiedenen Zugänge zur Mathematik und deren Vielfalt.

Markus Fulmek

Mathematik in Theorie und Praxis

Von Kombinatorik bis Finanzwirtschaft

Markus Fulmek
Fakultät für Mathematik
Universität Wien
Wien, Österreich

ISSN 3004-9687   ISSN 3004-9695 (electronic)
Vielfalt der Mathematik
ISBN 978-3-662-71592-5   ISBN 978-3-662-71593-2 (eBook)
https://doi.org/10.1007/978-3-662-71593-2

Die Deutsche Nationalbibliothek verzeichnet diese Publikation in der Deutschen Nationalbibliografie; detaillierte bibliografische Daten sind im Internet über https://portal.dnb.de abrufbar.

© Der/die Herausgeber bzw. der/die Autor(en), exklusiv lizenziert an Springer-Verlag GmbH, DE, ein Teil von Springer Nature 2025

Das Werk einschließlich aller seiner Teile ist urheberrechtlich geschützt. Jede Verwertung, die nicht ausdrücklich vom Urheberrechtsgesetz zugelassen ist, bedarf der vorherigen Zustimmung des Verlags. Das gilt insbesondere für Vervielfältigungen, Bearbeitungen, Übersetzungen, Mikroverfilmungen und die Einspeicherung und Verarbeitung in elektronischen Systemen.
Die Wiedergabe von allgemein beschreibenden Bezeichnungen, Marken, Unternehmensnamen etc. in diesem Werk bedeutet nicht, dass diese frei durch jede Person benutzt werden dürfen. Die Berechtigung zur Benutzung unterliegt, auch ohne gesonderten Hinweis hierzu, den Regeln des Markenrechts. Die Rechte des/der jeweiligen Zeicheninhaber*in sind zu beachten.
Der Verlag, die Autor*innen und die Herausgeber*innen gehen davon aus, dass die Angaben und Informationen in diesem Werk zum Zeitpunkt der Veröffentlichung vollständig und korrekt sind. Weder der Verlag noch die Autor*innen oder die Herausgeber*innen übernehmen, ausdrücklich oder implizit, Gewähr für den Inhalt des Werkes, etwaige Fehler oder Äußerungen. Der Verlag bleibt im Hinblick auf geografische Zuordnungen und Gebietsbezeichnungen in veröffentlichten Karten und Institutionsadressen neutral.

Planung/Lektorat: Anna Sippel
Springer Spektrum ist ein Imprint der eingetragenen Gesellschaft Springer-Verlag GmbH, DE und ist ein Teil von Springer Nature.
Die Anschrift der Gesellschaft ist: Heidelberger Platz 3, 14197 Berlin, Germany

Wenn Sie dieses Produkt entsorgen, geben Sie das Papier bitte zum Recycling.

Mathematik: Suche nach Wahrheit und Schönheit in einem Gebiet, wo diese Begriffe ewigen Bestand haben.

Vorwort

Als meine Kolleginnen Anna Breger und Alexandra Edletzberger mich im Sommer 2023 fragten, ob ich Autor in der Buchserie „Vielfalt der Mathematik" werden wolle, war ich zunächst skeptisch, denn meine „mathematische Laufbahn" verlief eher untypisch. Ich ließ mich aber überzeugen, dass auch das Nichtgeradlinige geeignet sein kann, das Vielfältige unseres Faches zu illustrieren.

Das vorliegende Buch hat drei Kapitel:

- Kap. 1 basiert auf einem Interview, das meine Kolleginnen mit mir geführt haben, und führt aus, welcher Weg mich zur Mathematik geführt hat, wie ich später Umwege über Ökonomie und Finanzwirtschaft nahm und wie ich schließlich mit Mathematik in zwei recht verschiedenen Berufen gelandet bin.
- In Kap. 2 erläutere ich ausgewählte Begriffe der Finanzwirtschaft und die mathematischen Konzepte und Methoden zu deren Erfassung und Behandlung; dabei ist es mir ein Anliegen, die tatsächliche Rolle der mathematischen Modellierung in der Wirtschaft herauszuarbeiten und auch deren Grenzen aufzuzeigen. Dabei gehe ich davon aus, dass die Leser*innen
    - wirtschaftliche Grundbegriffe (wie Preis, Geld, Zinsen, etc.) aus ihrer Alltagserfahrung
    - und wahrscheinlichkeitstheoretische Grundbegriffe (wie Wahrscheinlichkeit Zufallsvariable, Verteilung, etc.) aus ihrer mathematischen Ausbildung

    kennen, daher werde ich darauf nicht näher eingehen.
- In Kap. 3 stelle ich mein Lieblingsgebiet vor, die bijektive Kombinatorik: zunächst anhand von typischen Beispielen, wie man sie in Lehrbüchern findet, und abschließend mit zwei etwas entlegeneren Beispielen.

Ich möchte mich an dieser Stelle bei meinem Mathematiklehrer im Gymnasium, Herrn Professor Benno Ploner, und allen meinen Lehrern an der Universität Wien, insbesondere Herrn Professor Johann Cigler und Herrn Professor Christian

Krattenthaler, bedanken[1]: Sie öffneten mir die Augen für die Schönheit der Mathematik. Ebenso möchte ich mich bei Herrn Professor Manfred Nermuth bedanken, von dem ich viel über Potential und Grenzen der mathematischen Ökonomie lernen durfte.

Ganz besonderer Dank gilt meinen Kolleginnen Anna Breger und Alexandra Edletzberger, die das vorliegende Buchprojekt vorgeschlagen und durch umsichtige Leitung und hilfreiche Verbesserungsvorschläge zu einem guten Abschluss geführt haben.

Dem Team des Springer Verlags danke ich für die kompetente Unterstützung bei den zahlreichen Detailfragen, die ein Buchprojekt mit sich bringt.

Schließlich bedanke ich mich bei meiner Familie für die Geduld, die sie meinen abstrakten (um nicht zu sagen: weltfremden) Interessen entgegenbringt.

Wien
im Mai 2025

Markus Fulmek

---

[1] „Nur Männer?" fragte meine Kollegin Alexandra Edletzberger erstaunt: Ja, leider gab es zu meiner Schul- und Studienzeit nur sehr wenige weibliche Lehrkräfte.

Competing Interests Der/die Autor*in hat keine für den Inhalt dieses Manuskripts relevanten Interessenkonflikte.

Inhaltsverzeichnis

1 Steckbrief und Interview 1
   1.1 Steckbrief Markus Fulmek 1
   1.2 Interview 2

2 Mathematische Konzepte in der Finanzwirtschaft und deren Anwendung 17
   2.1 Vorbemerkungen zur Rolle der Finanzmathematik in der Praxis 17
       2.1.1 Darstellung kursorisch, und „analog" zur Mathematik 18
   2.2 Angebot und Nachfrage, am Beispiel einer (Auktions-)Börse 19
   2.3 Arbitrage und das No-Arbitrage-Prinzip 22
   2.4 Portfolios von Finanzinstrumenten 24
   2.5 Bewertung eines Termingeschäfts 26
   2.6 Zinsen, Zinskurve und Forwardzinsen 30
       2.6.1 Elementare Zinseszinsrechnung 30
       2.6.2 Die Zinskurve 32
       2.6.3 Forward Rate Agreement und Forward Curve 33
   2.7 Binomialmodell zur Optionsbewertung 35
       2.7.1 Einstufiges Binomialmodell für Derivate 36
       2.7.2 Mehrstufiges Binomialmodell 38
   2.8 Geometrische Brownsche Bewegung und die Black-Merton-Scholes-Formel 39
       2.8.1 Geometrische Brownsche Bewegung als Limes eines diskreten Prozesses 41
       2.8.2 Die Black-Merton-Scholes-Formel (theoretisch) 46
       2.8.3 Die Black-Merton-Scholes-Formel (praktisch) 48
   2.9 Risikomessung in der Finanzwirtschaft, ganz allgemein 50
       2.9.1 Value at Risk, in der Theorie 52
       2.9.2 (In-)Kohärente Risikomaße 53
   2.10 Value at Risk, praktisch: Simulation und Copulas 55
       2.10.1 Historische Simulation 55
       2.10.2 Monte-Carlo-Simulation 55

		2.10.3	Randverteilungen und Copulas	60
	2.11		Finanzkrise 2008	63
		2.11.1	Diversifikation in Kreditportfolios	64
		2.11.2	Weltweiter Vertrieb von US-Immobilienkrediten	65
		2.11.3	Eine Ursache (unter anderen) der Finanzkrise	66
	2.12		Rückblick und Ausblick	67
3	**Kombinatorik: Die Kunst, „alles auf einen Blick zu erkennen"**			**69**
	3.1		Bijektive Kombinatorik	69
		3.1.1	Zählen als große Vereinfachung	69
		3.1.2	Umkehrung der Vereinfachung (gewissermaßen)	70
		3.1.3	Kombination mit Erkenntnissen aus anderen mathematischen Gebieten	73
		3.1.4	Formale Potenzreihen	78
	3.2		Partitionen (von natürlichen Zahlen)	81
	3.3		Erzeugende Funktionen	83
		3.3.1	Die erzeugende Funktion der Partitionen	84
	3.4		Plane Partitions und Rhombustilings	85
	3.5		Permutationen und vorzeichenumkehrende Involutionen	88
		3.5.1	Permutationen	88
		3.5.2	Das Signum einer Permutation	90
		3.5.3	Vorzeichenumkehrende Involutionen	93
	3.6		Determinanten und Gitterpunktwege	95
		3.6.1	Determinanten	95
		3.6.2	Polynome in mehreren Variablen	98
		3.6.3	Konkrete Berechnung von Determinanten	100
		3.6.4	Gitterpunktwege	103
		3.6.5	Die Lindström-Gessel-Viennot-Involution	104
		3.6.6	Rhombustilings und nichtüberschneidende Gitterpunktwege	107
		3.6.7	Das Spiegelungsprinzip und die Catalan-Zahlen	110
	3.7		Ciglers Hankel-Determinanten	113
		3.7.1	Erzwungene Segmente von Überlebenden	115
		3.7.2	Gerade Identitäten	118
		3.7.3	Ungerade Identitäten	119
		3.7.4	Gerade und ungerade Identitäten	119
		3.7.5	Eine zweite vorzeichenumkehrende Involution	121
		3.7.6	Konstruktion der abschließenden Bijektion (nur mehr in Bildern)	127
	3.8		Alternating Sign Matrices und Descending Plane Partitions: Suche nach einer Bijektion	130
		3.8.1	Descending Plane Partitions	131
		3.8.2	Alternating Sign Matrices	132
		3.8.3	Die (inzwischen bewiesene) Vermutung von Mills-Robbins-Rumsey	133

		3.8.4	Inversionen und Permutationsmatrizen	135
		3.8.5	Ansatz für eine „schöne und einfache" Bijektion	138
		3.8.6	Andere Bijektionen	138
		3.8.7	Inversionen in asms	139
		3.8.8	Quadrupel von Statistiken, reformuliert	141
		3.8.9	Es gibt gleich viele ru–Zellen wie lo–Zellen	142
		3.8.10	Darstellung von dpps durch nichtüberschneidende Gitterpunktwege	143
		3.8.11	Bijektion zwischen Inversionsworten und dpps ohne spezielle Teile	144
		3.8.12	Die Bijektionen von Striker und Lalonde respektieren die Statistik q nicht	145
		3.8.13	Die Bijektion zwischen dpps ohne spezielle Teile und Permutationsmatrizen	145
	3.9	Rückblick und Ausblick		150

Glossar 153

Literatur 155

Stichwortverzeichnis 157

Steckbrief und Interview

1.1 Steckbrief Markus Fulmek

- Erste Lebensjahre in Pfarrkirchen bei Bad Hall (Oberösterreich), ab der Volksschulzeit in 1230 Wien, Österreich
- Derzeitiger Wohnort: 1010 Wien, Österreich
- Ausbildung:

  - Diplomstudium Mathematik an der Universität Wien, Abschluss 1987 mit Auszeichnung
  - Dissertation „Untersuchung spezieller Polynome im Zusammenhang mit spannenden Teilgraphen", „promotio sub auspiciis praesidentis"[1] an der Universität Wien 1995
  - Habilitation an der Fakultät für Mathematik 2001
  - Weitere Prüfungen: Ziviltechnikerprüfung zum Ingenieurkonsulenten für Mathematik, Zertifizierung als allgemein beeideter Gerichtssachverständiger am Handelsgericht Wien, Fit & Proper Workshop (KPMG, Prüfung durch Europäische Zentralbank/Bankenaufsicht)

- Aktuelle Positionen:

  - Ao. Univ. Professor, Fakultät für Mathematik Universität Wien, seit 2001
  - Aufsichtsrat der Bausparkasse der österreichischen Sparkassen AG, seit 2019

---

[1] Österreichische Sonderform der Promotion: Ein Relikt der imperialen Vergangenheit.

© Der/die Autor(en), exklusiv lizenziert an Springer-Verlag GmbH, DE, ein Teil von Springer Nature 2025
M. Fulmek, *Mathematik in Theorie und Praxis*, Vielfalt der Mathematik,
https://doi.org/10.1007/978-3-662-71593-2_1

- Frühere Karrierestationen:

  - Wissenschaftlicher Mitarbeiter im Fachbereich Wirtschaftswissenschaften, Universität Bielefeld, 1988
  - Universitätsassistent am Institut für Wirtschaftswissenschaften, Universität Wien, 1990
  - Research & Development Projekt (Wertpapierhandel), GiroCredit Bank AG, 1995
  - Universitätsassistent am Institut für Mathematik, Universität Wien, 1997
  - Freiberuflicher Konsulent des Sparkassen-Prüfungsverbands von 1996 bis 2019

- Fachgebiete:

  - Kombinatorik, Diskrete Mathematik, Graphentheorie
  - Finanz- und Versicherungsmathematik

- Interessen und Hobbys:

  - Programmieren (C, C++, zuletzt überwiegend Python)
  - Chorgesang (Chorvereinigung Sankt Augustin, Wien)
  - Geschichte, Philosophie, alte Sprachen
  - Kochen
  - Gartenarbeit
  - Ansätze zur Überwindung der Hürden zwischen Schulmathematik und Mathematik

- Ziele für die Zukunft: Weitere Ausarbeitung der Vorlesungen für Anfänger*innen, Beschäftigung mit Alternating Sign Matrices; in der Pension: Studium Geschichte
- Botschaft an die Leser*innen: „Sapere aude!"[2]

1.2 Interview

Wie sind Sie zur Mathematik gekommen?
Bereits in der Schulzeit habe ich meinen Mitschüler*innen im Mathematikunterricht geholfen, durch das Übersetzen schwierigerer Lehrinhalte in „einfachere Sprache", aber auch umgekehrt durch das Vermitteln der auftretenden Verständnisprobleme

---

[2] Immanuel Kants Übersetzung „Habe Muth, dich deines eigenen Verstandes zu bedienen!" (in seinem Essay „Beantwortung der Frage: Was ist Aufklärung?", Berlinische Monatsschrift 1784) dieses Zitats (aus dem ersten Buch der Episteln des Horaz) mag altmodisch klingen: Sich dieses Motto der Aufklärung in Erinnerung zu rufen ist heute aber wichtiger denn je!

an die Lehrperson. Diese schulischen Erfahrungen mit den schönen Einsichten der Mathematik und den Schwierigkeiten ihrer Vermittlung haben schon früh mein Interesse an dem Fach geweckt.

Ich war an der Universität Wien zuerst für die Fächer Altphilologie, Philosophie und Mathematik eingeschrieben, aber schon in den ersten Semestern wurde mir klar, dass ich vor allem Mathematik weiter studieren wollte; Lehrveranstaltungen in Philosophie und formaler Logik, die damals an der Universität Wien als Logistik bezeichnet wurde, habe ich aber bis zum Abschluss meines Diplomstudiums trotzdem weiter besucht.

Was begeistert Sie an der Mathematik?
Seit meinen ersten Erfahrungen mit Mathematik hat es mich ungeheuer angezogen, dass ihre Wahrheiten ewig gültig sind; in markantem Gegensatz zu vielen anderen Fächern.

Ebenso begeistert mich die ungeheure Eleganz der Mathematik; Größen wie Bertrand Russell oder Godfrey Harold Hardy haben diese Begeisterung in bekannten Zitaten wunderbar formuliert.

Was mich an der Mathematik so fasziniert, lässt sich also mit zwei einfachen Worten sagen: Wahrheit und Schönheit.

Ich bin ein optischer Typ und liebe es, die Antwort auf eine komplizierte Frage „auf einen Blick zu sehen": Was einfach klingt, erfordert in den interessanten Fällen eine lange Suche nach dem richtigen Blickwinkel. Dabei ist es für mich nebensächlich, ob die Frage schon beantwortet wurde: Zum Beispiel kann man die Chu-Vandermonde-Identität (siehe Satz 3.1.1 in Kap. 3) auch durch Koeffizientenvergleich aus dem binomischen Lehrsatz herleiten, in Verbindung mit den Rechenregeln für das Potenzieren, aber aus meiner Sicht ist der bijektiv-kombinatorische Beweis, der nur darin besteht zu erkennen, dass die linke und die rechte Seite der Identität dieselbe Familie von Objekten abzählt, von unübertrefflicher Eleganz.

Ein weiteres Beispiel: Vor Kurzem bin ich auf eine Arbeit von Johann Cigler aufmerksam geworden, in der er eine Vermutung über eine Identität für gewisse Determinanten formuliert: Es stellte sich zwar im Nachhinein heraus, dass diese Vermutung auch rein rechnerisch bewiesen werden konnte, unter Verwendung bereits bekannter Resultate, aber ich habe dennoch mit großer Freude einen bijektiven Beweis (siehe Abschn. 3.7 und folgende) ausgearbeitet, der die Gültigkeit dieser Identität in Bildern vor Augen führt.

In meiner Arbeit als Hochschullehrer erfreuen mich die Momente, wenn es in einer Lehrveranstaltung gelingt, Studierenden zu einem Aha-Erlebnis zu verhelfen.

In meiner Arbeit als Forscher freue ich mich über die Momente, wenn die Lösung einer komplizierten Fragestellung durch ein schlagendes Argument oder eine elegante Konstruktion gelingt.

In meiner Arbeit als Konsulent oder Gutachter freue ich mich, wenn ich einen finanzmathematischen Sachverhalt so erklären kann, dass er auch für Lai*innen verständlich wird.

Wofür haben Sie sich in Ihrem Studium besonders interessiert und was sind jetzt Ihre Fachgebiete?
Ich habe mich schon im ersten Semester meines Mathematikstudiums für Kombinatorik begeistert. Besonders anziehend finde ich die Vielfalt und Eleganz der bijektiven Kombinatorik, die in oft überraschender Weise langwierige Rechnungen oder Beweisargumente gewissermaßen durch die Wahl der richtigen Betrachtungsweise überflüssig macht.

Kombinatorik und Graphentheorie (oder allgemeiner: Diskrete Mathematik) sind auch heute noch die Fachgebiete, in denen ich als Forscher arbeite, wenn mein knappes Zeitbudget das zulässt.

Durch mehrere Zufälle bin ich aber auch mit der Welt der Finanz- und Versicherungswirtschaft in Kontakt gekommen und habe mir die in der Praxis benötigten Begriffe und Methoden autodidaktisch angeeignet, sodass ich neben meiner Teilzeitanstellung an der Universität Wien auch als freiberuflicher Berater und gerichtlich zertifizierter Sachverständiger auf diesen Gebieten tätig bin.

Welche Zufälle haben Sie in die Welt der Finanz- und Versicherungswirtschaft gebracht?
Bald nach dem Abschluss des Mathematikstudiums kontaktierte mich ein ehemaliger Studienkollege, der gerade seine Tätigkeit als Assistent im Fachbereich Wirtschaftswissenschaften an der Universität Bielefeld beendet hatte und wieder nach Wien und zur Mathematik zurückkehren wollte, und schlug mir vor, ihm als Assistent in Bielefeld nachzufolgen.

Im Jahr 1987 gab es nicht so viele Möglichkeiten wie heute, eine Dissertation im Rahmen eines Forschungsprojekts zu machen, und eine Assistentenstelle erschien als willkommene Möglichkeit, weiter zu forschen, aber finanziell auf eigenen Beinen zu stehen: Also entschloss ich mich, seinem Vorschlag zu folgen, fuhr mit dem Zug nach Bielefeld, las während der Fahrt als Vorbereitung das Buch „Theory of Value: An Axiomatic Analysis of Economic Equilibrium" von Gerard Debreu, und bewarb mich dort um die freigewordene Stelle, die ich auch bekam. Meine Übersiedlung nach Bielefeld wurde zusätzlich dadurch erleichtert, dass ich die freigewordene Mietwohnung meines Studienkollegen übernehmen konnte.

Damals war die Mathematische Ökonomie, also der Versuch, wirtschaftswissenschaftliche Sachverhalte in mathematischen Modellen abzubilden, noch recht modern, und in Bielefeld gab es sogar ein eigenes Institut für Mathematische Wirtschaftsforschung. Ich entwickelte aber sehr bald das starke Gefühl, dass die mathematischen Methoden aus Topologie, Mengentheorie und Funktionalanalysis nicht recht zum Untersuchungsgegenstand passten, zum Beispiel bei Modellen mit überabzählbar vielen Konsument*innen, und dass das Streben der Ökonom*innen, ein vergleichbares Niveau an formaler Exaktheit zu erreichen wie Mathematik und Naturwissenschaften, viele reale Phänomene außer Acht ließ. Daher konnte ich mich nie entschließen, auf diesem Gebiet eine Dissertation zu beginnen. Andrerseits war die Arbeit dort sehr angenehm, und meine Lehrverpflichtungen bestanden hauptsächlich aus Übungen zur Mikroökonomie, wo die mathematische Modellierung von Nutzenfunktion, Budgetbeschränkung und Optimierung einigermaßen realitätsnah und plausibel ist: Daher folgte ich meinem damaligen Chef auch, als er als Professor nach Wien berufen wurde, und verbrachte so insgesamt sieben Jahre im Bereich der Ökonomie. In dieser Zeit begann ich auch, mich mit finanz- und versicherungsmathematischen Fragestellungen zu beschäftigen, und entwickelte unter anderem ein Programm in der Programmiersprache C zur statistischen Untersuchung von computergestützten Handelssystemen für das Österreichische Institut für Wirtschaftsforschung.

Aber schon während meiner Jahre bei den Wirtschaftswissenschaften wollte ich auch etwas rein Mathematisches machen und begann meine Dissertation bei Professor Christian Krattenthaler in meinem Lieblingsgebiet Kombinatorik. Nach deren Fertigstellung im Jahr 1994 beendete ich mein Engagement in der wissenschaftlichen Ökonomie und versuchte, als freiberuflicher Berater Fuß zu fassen; in diesem Zusammenhang absolvierte ich auch die Ziviltechnikerprüfung zum Ingenieurkonsulenten für Mathematik. Damals kam im Zuge von Basel 1 (siehe Abschn. 2.11) gerade Risikomanagement als großes Thema auf (eine kurze Erklärung finanzwirtschaftlicher Begriffe findet sich im Glossar ab Seite 73), also konzentrierte ich mich auf den Bereich Finanz- und Versicherungswirtschaft. Doch bald machte mich ein Bekannter bei der GiroCredit Bank AG der Sparkassen darauf aufmerksam, dass in der dortigen Wertpapierabteilung jemand für ein Research- und Developmentprojekt zu computergestütztem Handel gesucht wurde. Das klang durchaus interessant, ich begann also als Angestellter in der Bank mit der Entwicklung entsprechender Programme in C++ auf einer Unix-Workstation von DEC. Allerdings stellte sich bald heraus, dass wesentliche Voraussetzungen, wie etwa regelmäßige Lieferungen hochfrequenter Daten vom Terminhandel (siehe Abschn. 2.5) für die damalige IT-Infrastruktur im Projekt nicht gut darstellbar waren. Daher machte ich mich, ohne die ursprüngliche Aufgabe aus den Augen zu verlieren, auch anderweitig nützlich und unterstützte meine Kolleg*innen bei Fragen von Derivatbewertung (sehe Abschn. 2.7.1), Hedging (Hedging bedeutet in diesem Zusammenhang Risikominderung, siehe Definition 2.5.2), Riskmeasurement und später Riskmanagement sowie Softwareentwicklung. In dieser Zeit lernte ich sehr viel über die Praxis und knüpfte auch viele Kontakte: Mit einigen Personen, die ich damals kennenlernte, bin ich auch heute noch freundschaftlich verbunden. Aber ich wollte mein Berufsleben nicht als Bankangestellter verbringen, also kündigte ich nach zwei Jahren und begann wieder mit einer freiberuflichen Tätigkeit als Berater mit Schwerpunkt Risikomanagement.

Diese zweite Phase meiner rein freiberuflichen Tätigkeit währte aber auch nur kurz: Ab 1997 nahm ich das Angebot an, neben dieser freiberuflichen Tätigkeit als halbbeschäftigter Assistent an der Fakultät für Mathematik zu arbeiten, und habilitierte im Jahr 2001. Auf einer Bankveranstaltung lernte ich die damaligen Vorstände des Sparkassen-Prüfungsverbands kennen, was zu einer mehr als zwanzigjährigen engen Zusammenarbeit führte, in deren Rahmen ich die Wirtschaftsprüfer*innen in allen Fragen von Derivatbewertung, Risikomodellierung und -management sowie damit verbundenen aufsichtsrechtlichen oder bilanziellen Problemstellungen unterstützte.

Im Zuge meiner Tätigkeit wurde ich auch immer wieder mit Gutachten beauftragt, also absolvierte ich 2010 die Zertifizierung als allgemein beeideter Gerichtssachverständiger am Handelsgericht Wien (Fachgruppe Bank/Kredit/Börse, Versicherungen sowie Mathematik und Statistik). Seit 2019 bin ich im Aufsichtsrat der Bausparkasse der Sparkassen, wo ich als Vorsitzender des Risikoausschusses wirke.

Wie haben Sie sich das nötige Fachwissen im Bereich der Finanzmathematik angeeignet?
Eine Lehrveranstaltung oder gar eine Studienrichtung zu Finanzmathematik und Risikomanagement hat es zu meiner Studienzeit an der Universität Wien nicht gegeben: Die Versuche, wirtschaftliche Phänomene mit mathematischen Modellen zu erklären, waren natürlich nicht neu, aber nicht als eigenständige Fachgebiete mit Vorlesung und Übungen im Lehrbetrieb vorhanden. An der Technischen Universität Wien war Versicherungsmathematik damals zwar als Kurzstudium etabliert; das enthielt aber nur sehr wenige Themen der modernen Finanzmathematik. Also begann ich, mir die relevanten Inhalte aus Büchern und „on the Job" selbst anzueignen. Dabei merkte ich schnell, dass mein mathematisches Vorwissen, ergänzt

- mit finanzwirtschaftlichem Spezial-Know-how,
- aber vor allem mit einem genauen Verständnis für die wirtschaftlichen und organisatorischen Vorgänge, gewonnen aus praktischer Erfahrung und Hausverstand,

genau die richtigen Voraussetzung war, um zahlreiche Problemstellungen bei Banken methodisch und effizient zu bewältigen.

Auf dieser Erfahrung basiert meine Überzeugung, dass für eine gelungene Lösung von mathematischen Fragen aus der wirtschaftlichen Praxis das genaue Verständnis dieser wirtschaftlichen Praxis ganz entscheidend ist: Die Möglichkeiten, einander an der Schnittstelle zwischen Theorie und Praxis misszuverstehen, sind leider sehr zahlreich, mit teils fatalen Auswirkungen (siehe z. B. Abschn. 2.11).

Welche Arbeitsweisen und Formen von Mathematik sind in Ihrer Arbeit in der Finanzwelt zu finden?
Bereits 1988 verabschiedete das Basel Committee on Banking Supervision eine Zusammenstellung von Eigenkapitalanforderungen für Banken, die nach und nach auch ins Aufsichtsrecht einzelner Staaten übernommen wurden. Damals sprach man einfach von den Basel-Papieren, aus heutiger Sicht aber von Basel 1: Denn 2004 kam die Fortsetzung Basel 2, und nach der Finanzkrise 2008 zuletzt Basel 3.

Diese Eigenkapitalanforderungen basieren auf Schätzungen der finanziellen Risiken des Bankgeschäfts, und die mathematischen Modelle für diese Schätzungen rückten damit ins Zentrum des Interesses.

Schon vor meinem Intermezzo in der GiroCredit hatte ich erkannt, dass diese Thematik auch für österreichische Banken wichtig wurde, und dass diesbezüglich zunächst ein großes Know-how-Defizit bestand: Die damaligen Vorstände des Sparkassen-Prüfungsverbands sahen das wohl genauso, und ich war in den ersten Jahren meiner Tätigkeit für die Bankprüfer überwiegend mit Fragen der adäquaten Risikomessung und deren Umsetzung im Rahmen der aufsichtsrechtlichen Vorgaben befasst. Denn auch in den Aufsichtsbehörden musste das entsprechende Know-how erst aufgebaut werden, und ich unterstützte die Bankprüfer bei allen diesbezüglichen Fragen: Das bedeutete nur zum Teil mathematische Fragen im engeren Sinn – in der Praxis waren immer auch technische und organisatorische Aspekte zu beachten, insbesondere die pragmatische Auslegung aufsichtsrechtlicher Vorgaben, die mit der Zeit immer umfangreicher und detaillierter wurden.

Im Laufe der Jahre hatte ich dann immer öfter mit Fragen der Derivatbewertung, Hedgeeffizienz (siehe Definition 2.5.2) und damit verbundenen bilanziellen Detailfragen zu tun. Die Mathematik, die für diese Fragestellungen gebraucht wird, ist vom akademischen Standpunkt eher schlicht: Zinseszinsrechnung, einfache mathematische Modellierungen, z. B. Zinskurve und Hedging, elementare Wahrscheinlichkeitstheorie, statistische Schätzungen, Risikomessung durch Value at Risk, Markov-Ketten, ein bisschen Zeitreihenanalyse und Modellierung von Optionspreisen. Der letzte Punkt ist theoretisch durchaus komplexer und führt auf stochastische Differenzialgleichungen, läuft aber in der Praxis meist darauf hinaus, die marktüblichen Formeln zu adaptieren und mit den Geschäfts- und Marktdaten in Einklang zu bringen.

Auf Anraten eines ehemaligen Arbeitskollegen von der GiroCredit habe ich 2010 die Prüfung zum gerichtlich beeideten Sachverständigen abgelegt: Rein mathematisch unterscheidet sich die Tätigkeit als Sachverständiger nicht wesentlich von meinen anderen Tätigkeiten, ich bin hier aber überwiegend mit versicherungsmathematischen Fragestellungen konfrontiert und muss besonders auf eine für Jurist*innen gut verständliche Darstellung der wirtschaftlichen Sachverhalte achten.

Meine Arbeitsweise hängt von der Aufgabenstellung ab: Ich arbeite an Gutachtensaufträgen normalerweise allein, bin aber bei anderen Fragestellungen gerne auch mit Kolleg*innen aus den Fachgebieten Mathematik, Informatik, Recht, Rechnungswesen und Betriebswirtschaftslehre in einem Team.

Wie sieht Ihr Arbeitsalltag aus? Worin liegt Ihre Expertise?
Ich sehe mich selbst als Hochschullehrer, der neben seiner halben Anstellung Aufträge aus der Privatwirtschaft annimmt: Ich mache daraus aber keine große Sache und investiere auch nicht in Werbung und Networking (aus kommerzieller Sicht ist das wohl ein großer Fehler), sondern erledige, was auf mich zukommt. Da ich mir im Laufe der Jahre einen gewissen Ruf erarbeitet habe, funktioniert das ganz gut, und ich werde immer wieder von Anwält*innen oder Richter*innen – ich bin auch eingetragener Gerichtsgutachter – kontaktiert, die ein Gutachten für einen Gerichtsprozess benötigen.

Im Allgemeinen ist mein Arbeitsalltag aber weitgehend bestimmt durch die Hochschule, das heißt durch Lehre, Administration, und in der verbleibenden (leider wenigen) Zeit sehr gerne Forschung. Im Normalfall trifft man mich werktags von 9 bis 17 Uhr in meinem Büro an der Fakultät für Mathematik der Universität Wien; dort erledige ich alles, was gerade ansteht. Eine strenge Stundenaufteilung für meine zwei Rollen verfolge ich dabei nicht. Meistens widme ich mich dem Hochschulalltag (Vorbereitung und Abhaltung von Vorlesungen und Übungen, Betreuung von Abschlussarbeiten, Berufsberatung für Absolvent*innen, Mitwirkung bei Habilitations- und

Berufungskommissionen etc.) und zwischendurch beantworte ich Fragen aus der finanzwirtschaftlichen Praxis, oft in der Form von Gutachten.

Für ein Gutachten habe ich meistens acht bis zehn Wochen Zeit: Gutachtensaufträge erledige ich dabei immer alleine, denn ich werde aufgrund meiner persönlichen Expertise beauftragt und trage schließlich die Verantwortung für das Ergebnis, daher kümmere ich mich auch selbst um alle notwendigen Recherchen und sonstigen Details. In Forschung und Lehre hingegen schätze und pflege ich natürlich den Austausch mit meinen Kolleg*innen, auch wenn durch mein hybrides Arbeitsmodell dafür meist nicht viel Zeit bleibt.

Meine Expertise liegt primär in meiner mathematischen Ausbildung in Verbindung mit meiner Erfahrung in realen geschäftlichen Vorgängen, Denkweisen und Konventionen in der Finanzbranche. Meine „unique selling proposition" sehe ich in meiner raschen Auffassung von außermathematischen Nebenbedingungen und meiner Fähigkeit, zwischen Theorie (Mathematik) und Praxis (Finanzwirtschaft) vermitteln und insbesondere allfällige Missverständnisse ausräumen zu können.

Was ist der größte Unterschied an der Arbeit in der Uni und im Consulting?
Die Arbeit an der Universität ist viel konzentrierter und geht sehr viel mehr in die Tiefe, im Consulting ist durch die Vielzahl der zusätzlichen Aspekte wirtschaftlicher, rechtlicher, technischer und organisatorischer Natur alles einerseits viel breiter, andrerseits aber auch viel flacher.

Ein für mich sehr wichtiger Punkt: Die Erkenntnisse der Mathematik sind immer gültig! Zum Beispiel sind die Einsichten des Euklid von Alexandria auch nach über 2000 Jahren noch richtig; und das trifft auf politische, rechtliche und organisatorische Dinge in den meisten Fällen nicht zu.

Verändert sich die Welt der Finanzwirtschaft wirklich so schnell?
In der Welt der Finanzwirtschaft gibt es viel weniger echte Innovation, als man vielleicht auf den ersten Blick vermutet: Oft werden Ideen als neu dargestellt, obwohl sie auf einem Konzept basieren, das schon lange bekannt ist.

Abgesehen von Zinseszinsrechnung und empirischer Statistik zur Einschätzung von Wahrscheinlichkeiten für Finanzinstrumente gibt es für finanzwirtschaftliche Anwendungen drei wesentliche mathematische Konzepte:

- die grundlegende Annahme (siehe Satz 2.3.1), dass gleichwertige Güter denselben Preis haben – so formuliert erscheint das natürlich trivial, aus Beispielen wird aber klar, wie diese Gleichsetzung zu interessanten Ergebnissen führt,
- das Abwägen von Rendite und Risiko, mathematisch im Wesentlichen ausgedrückt durch Erwartungswert und Standardabweichung, in Portfolioanalysen,
- die Black-Merton-Scholes-Modellierung, die mathematisch etwas komplizierter ist, zur Bewertung von Europäischen Call- und Putoptionen und anderen Derivaten; siehe Definition 2.7.2.

Aus akademischer Sicht erscheint es paradox, dass sich die Black-Merton-Scholes-Formel zur Optionsbewertung als Marktstandard etabliert hat, obwohl sie erwiesenermaßen sehr schlecht mit den wirklich beobachteten Preisen zusammenpasst: Diese Tatsache ist ein gutes Beispiel für die heikle Schnittstelle zwischen Theorie und Praxis, die in meiner Arbeit eine große Rolle spielt.

Die rasche Entwicklung mit teils erstaunlichen Erfolgen auf dem Gebiet der künstlichen Intelligenz wird sicher auch in der Finanzwelt bald an Bedeutung gewinnen (Ansätze sind ja bereits sichtbar), allein schon wegen des erwartbaren Marketingeffekts: Aber auch hier wird großteils auf 50 Jahre alte Konzepte zurückgegriffen, die einfach aufgrund der deutlich größeren Computerkapazitäten heute ganz andere und durchaus beeindruckende Resultate erbringen. Diese höheren Rechenkapazitäten haben bereits dazu geführt, dass große Datenmengen schneller verarbeitet und damit Bankgeschäfte deutlich schneller abgewickelt werden können.

Wie war es für Sie möglich, beides zu kombinieren? Würden Sie sagen, Sie profitieren inhaltlich davon?
Ich denke, meine hybride Arbeitsweise entspricht meinem vielfältig interessierten Wesen und meiner Aversion gegen alles Pompöse: Bei aller Liebe zur Tätigkeit als Hochschullehrer empfinde ich den modernen Wissenschaftsbetrieb als nicht zu meinem wahrscheinlich antiquierten Ideal einer Universität passend, aber für ein selbstvergessenes Versinken in die schwierigsten Fragen meines Faches, das für deren adäquate Behandlung wohl notwendig wäre, bin ich viel zu unruhig – da passt für mich die ständige Abwechslung durch die Befassung mit Fragen ganz gut, die nur am Rande mathematisch sind. Andererseits würde ich eine Tätigkeit ausschließlich in der Praxis der Finanzbranche kaum aushalten, aus verschiedenen Gründen.

Als Forscher befasse ich mich mit Fragen der reinen Mathematik, zum Beispiel in der bijektiven Kombinatorik mit Alternating Sign Matrices (siehe Abschn. 3.8.2), und bin dort auf der Suche nach der größtmöglichen Kürze, Klarheit und Eleganz, oder kurz: Schönheit. Abgesehen von diesem Streben nach Kürze und Klarheit gibt es kaum Überschneidungen mit den Fragestellungen in der Praxis.

Inhaltlich profitiere ich in meiner praxisnahen Tätigkeit durch meine mathematisch-quantitative Ausbildung, und umgekehrt kann ich in meiner Tätigkeit als Hochschullehrer meine Erfahrungen aus der Praxis an Studierende vermitteln, die das meiner Einschätzung nach zur beruflichen Orientierung auch gut brauchen können. Ich habe in diesem Sinn gleich nach meiner Rückkehr ans Institut für Mathematik im Jahr 1997 damit begonnen, ein Konversatorium „Finanzmathematik in der Praxis" anzubieten und damit eine Lücke im Curriculum zu schließen:

- Auf der einen Seite gab es aus der Finanzbranche eine große Nachfrage nach Mathematiker*innen, zunächst bei Versicherungen, aber immer stärker auch bei Banken, die vor allem im Bereich Risikomanagement nach Verstärkung suchten.
- Auf der anderen Seite war es vielen Mathematikabsolvent*innen nicht bewusst, dass ihnen in der Finanzwirtschaft ein möglicher Berufsweg offen stand.

Mit dieser Lehrveranstaltung habe ich also versucht, eine Brücke zwischen Theorie und Praxis zu schlagen und unseren Absolvent*innen die Problemstellungen und beruflichen Möglichkeiten in der Finanzwirtschaft näher zu bringen. Zu diesem

Zweck habe ich jedes Mal mit einem „Crashkurs mathematische Ökonomie und Finanzwirtschaft" begonnen, in Form von drei bis vier einführenden Vortragseinheiten, um die Studierenden mit den wichtigsten Grundbegriffen vertraut zu machen und ihnen ein Gefühl für die praktischen Fragestellungen wie Preisfindung und Risikoschätzung zu vermitteln; Lehrplan und Lehrmaterial in Form eines kleinen Skriptums habe ich selbst gestaltet. Für die folgenden Einheiten der Lehrveranstaltung habe ich Mathematikabsolvent*innen aus der Finanzwelt eingeladen, in Form eines Vortrags mit anschließender Diskussion einen Einblick in ihre Arbeit zu geben. Die Vortragenden konnte ich aus meinem Netzwerk an persönlichen Kontakten wählen, dem mittlerweile auch einige Absolvent*innen meines Konversatoriums angehören. Dieses Konversatorium habe ich bis 2018 angeboten; inzwischen gibt es an unserer Fakultät aber eine eigene Forschungsgruppe Finanzmathematik, sodass diese Thematik nun sehr gut durch andere Kolleg*innen abgedeckt ist. Wie zum Ausgleich wurde ich mit neuen Aufgaben konfrontiert, in denen ich meine nichtmathematische, praktische Expertise einbringen kann: Im Rahmen meiner Mitwirkung im Senat der Universität Wien bin ich mit diversen administrativen, organisatorischen und rechtlichen Fragen befasst.

Was umfasst Ihre Tätigkeit im Senat der Universität Wien? Haben Sie sich früher auch schon politisch eingesetzt?
Ich habe viele Jahre keine Involvierung in politische Aktivitäten angestrebt und bin nur im Bedarfsfall tätig geworden, wenn Kolleg*innen meine Unterstützung brauchten. Auch mein Antreten zu den Wahlen der Österreichischen Hochschüler*innenschaft in den 80er-Jahren des vorigen Jahrhunderts war kein echtes politisches Engagement, sondern eine satirische Aktion. Der sprechende Name „Hier Ankreuzen" meines Wahlvorschlags wurde freilich von humorlosen Mitbewerbern bekämpft und „contra legem" – diesen juristischen Ausdruck hörte ich damals das erste Mal von einem Ministerialbeamten – in „Liste Hier Ankreuzen" entschärft.

Ich bin jedoch Ende 2019 im Zuge von administrativen Tätigkeiten für meine Fakultät zur Zielscheibe einer Kampagne geworden, die ich zwar leicht abwehren konnte, die mich aber auch in Kontakt mit verschiedenen Stellen unserer Universität brachte, die zur Behandlung von Konflikten eingerichtet sind: Im Zuge dessen wurde ich gefragt, ob ich im Senat der Universität mitwirken würde, und ich habe mich nach kurzer Bedenkzeit – denn diese Tätigkeit ist zwar ehrenamtlich, aber durchaus mit viel Arbeit verbunden – dafür entschieden; in der Folge habe ich dann auch für den Betriebsrat der Universität kandidiert, auf einem der hinteren Listenplätze.

Ich setze mich ganz grundsätzlich für ehrliche, faktenbasierte Diskussionen ein. Das hat einerseits natürlich mit meinem mathematisch geprägten Denken zu tun, aber andererseits ist das für mich auch ein moralischer Imperativ: Nach meiner Erfahrung ist eine verdrehte, verschwommene, in sich widersprüchliche Argumentation sehr oft ein bewusst eingesetztes Mittel zur Erreichung fragwürdiger Ziele. Ich sehe mich als einen Verfechter von Humanität und Aufklärung; in konkreten Fällen bemühe ich mich um die Förderung von Gerechtigkeit und Chancengleichheit im Universitätsbetrieb. Diese Arbeit mache ich in dem Sinn nicht gerne, als es mir deutlich lieber wäre, wenn die Probleme, die meinen Einsatz erfordern, gar nicht erst auftreten würden: Aber natürlich setze ich mich gerne für meine Kolleg*innen ein.

Die Arbeit im Senat ist oft ein bisschen zäh: Die Sitzungen dauern mehrere Stunden, und nicht alle Inhalte erfordern einen Einsatz. Immer wieder kommen aber doch auch entscheidende Themen aufs Tapet, und ich sehe es als meine Aufgabe, diese dann anzusprechen und zu diskutieren, auch wenn man sich mit berechtigten Forderungen nicht immer durchsetzen kann.

Was wäre in Ihren Augen ein verlässlicher Karrierepfad in der Mathematik? Welche Entfaltungsmöglichkeiten würden Sie Nachwuchswissenschaftler*innen wünschen?
Ein verlässlicher Karrierepfad müsste meines Erachtens vor allem politisch gewünscht sein: Das würde bedeuten, dass politische Entscheidungsträger*innen die Bedeutung von Bildung im Allgemeinen und von Mathematik im Besonderen für die gedeihliche Weiterentwicklung unserer Gesellschaft erkennen und folglich danach trachten, die Potenziale zu heben, die im Know-how und in der Innovationskraft der jungen Nachwuchswissenschaftler*innen liegen. Dass nicht alle Absolvent*innen als Lehrer*innen und Forscher*innen an der Universität bleiben können, sollte Ausgangspunkt dafür sein, andere Möglichkeiten der industriellen oder gesellschaftlichen Forschung zu fördern und bereitzustellen. Hier bin ich aber pessimistisch: Die Erfahrungen mit dem politischen Personal insbesondere in Österreich, aber auch international, geben wenig Anlass zu Hoffnung.

Speziell für mein Fach Mathematik würde ich mir wünschen, dass wir unseren Studierenden nicht nur mathematisches Denken beibringen, sondern sie auch in ihrer persönlichen Entwicklung bestmöglich fördern – das sollte durchaus auch eine Diskussion der Erwartungen an das Mathematikstudium beinhalten – und ihnen frühzeitig Chancen und Risiken verschiedener Laufbahnen aufzeigen.

Ich finde es äußerst schwierig, jemandem einen guten (also für die betreffende Person wirklich nützlichen) Rat zu geben: Nach meiner persönlichen Erfahrung ist es sehr hilfreich, wenn man sich nicht auf einen bestimmten Karrierepfad versteift und offen bleibt für die Chancen, die sich oft unvorhergesehen ergeben.

Verknüpfen Sie Mathematik auch mit anderen Interessen in Ihrem Leben?
In der Diskreten Mathematik gibt es viele algorithmische Methoden, da ist die Verbindung zur Programmierung von Computern ganz naheliegend: Tatsächlich habe ich schon in der Schule ein bisschen Programmieren gelernt: Basic, auf einer Olivetti-Maschine mit einem einzeiligen Display. Nach der Matura habe ich dann auf einem Atari-Computer mit 1 MB Hauptspeicher in Assembler, Pascal und Modula-2 programmiert, und ich erinnere mich noch an das Wettprogrammieren mit meinem Bruder, der heute Hochschullehrer für Elektrotechnik an der Technischen Universität Wien ist, zur Implementierung einer Festkommaarithmetik in Assembler, um möglichst schnell Bilder der bekannten Mandelbrot-Menge zu erzeugen (meine Lösung war übrigens etwas schneller). Später habe ich dann in den Computersprachen C und C++ programmiert, und auch heute noch nutze ich den Computer sehr intensiv, programmiere aber fast nur noch in Python: Diese Sprache wird an meiner Fakultät

in der Anfänger*innenlehre eingesetzt, daher habe ich sie für meine Vorlesungen auch selbst erlernt.

Was programmieren Sie in Ihrer Freizeit?
Meine Programme haben fast immer einen Bezug zu meiner Arbeit: Zum Beispiel habe ich für meine Beschäftigung mit Alternating Sign Matrices ein C++-Programm entwickelt, für meine Skripten bastle ich kleine Python-Skripts zur Erzeugung von Grafiken und Aufbereitung von Informationen, und in meiner freiberuflichen Tätigkeit arbeite ich viel mit Mathematica und Python. Ich habe durchaus Freude an diesen Arbeiten und bin auch hier auf der Suche nach möglichst einfachen und eleganten Lösungen, würde das aber dennoch nicht als Freizeitaktivität werten.

Abgesehen von der bereits erwähnten Erzeugung von Bildern der Mandelbrot-Menge habe ich als spielerische Anwendung kleine Programme zur Erzeugung von Papiermodellen geometrischer Körper geschrieben, und da meine Frau im Zuge ihrer Beschäftigung mit dem Design von Schmuckstücken 3D-Druck einsetzt, möchte ich mich in Zukunft auch damit beschäftigen.

Welchen Leidenschaften gehen Sie in Ihrer Freizeit nach?
Ich war im Gymnasium immer im Schulchor und habe danach auch immer gerne im Freundeskreis gesungen, insbesondere Lieder von Schubert, Mozart, Löwe und Schumann. Irgendwann hat mir meine Frau eine Bewerbung bei der Chorvereinigung Sankt Augustin empfohlen; das ist der Chor der Jesuitenkirche in der Wiener Innenstadt. Das Genre ist also jedenfalls Kirchenmusik, aber tatsächlich sehr weit gespannt – neben Haydn, Mozart, Schubert, Beethoven, Schumann und Bruckner singen wir zum Beispiel auch Werke von Josef Gabriel Rheinberger, Anton Heiller, Igor Strawinsky und Francis Poulenc. Obwohl ich nicht fromm bin, singe ich also seit 2009 dreimal im Monat (es gibt noch einen zweiten Chor in der Jesuitenkirche, der einmal im Monat singt) in der Sonntagsmesse in der Stimmgruppe Bass: Eigentlich bin ich Bariton, aber diese Stimmlage ist in der Chorliteratur kaum vertreten, und Tenor ist mir zu hoch. Üblicherweise, zuletzt allerdings unterbrochen durch die Coronapandemie, veranstaltet mein Chor pro Jahr auch zwei Abendkonzerte mit geistlichen Werken, wie zum Beispiel das *Requiem* von Mozart, Verdi oder Brahms, ebenso die *Schöpfung* von Haydn, den *Messiah* von Händel etc.

Ich koche auch sehr gerne für meine Familie: Da einige Familienmitglieder vegetarische Ernährung bevorzugen, versuche ich mich neben traditionellen Gerichten (wie Schweinsbraten, Roastbeef oder Tafelspitz) auch an Malfatti (eine Art italienische Spinatnockerln), Kürbisrisotto, Spargelquiche oder Crêpes, die ich mit einer französischen Spezialpfanne mache.

Möchten Sie uns etwas über Ihre Familie erzählen?
Mit meiner Frau Johanna habe ich drei mittlerweile erwachsene Kinder: Die zwei älteren studieren bereits, die jüngste schließt gerade die Schule ab. Wir leben in der Innenstadt: Von unserer Wohnung am Schwedenplatz konnte ich meine Kinder viele Jahre zu Fuß auf ihrem Schulweg begleiten und danach aufs Institut für Mathematik

weitergehen; heute lasse ich die Kinderbegleitung weg und fahre auch öfters mit den öffentlichen Verkehrsmitteln.

Meine Frau Johanna hat Physik studiert und an der Technischen Universität Wien das Doktorat in Mathematik gemacht, sie hat aber schon vor vielen Jahren „Otto Feiler Silberwaren" übernommen, Wiens feinstes Silbergeschäft: Das Unternehmen ist seit mehreren Generationen im Besitz ihrer Familie und hat zwei Standorte, beide im ersten Wiener Gemeindebezirk; vor einigen Jahren ist noch ein Geschäft namens „Art Nouveau – Art Deco" für schicken französischen Modeschmuck dazu gekommen, ebenfalls im ersten Bezirk in Wien. Außerdem ist Johanna ein Hundemensch, und daher haben wir eine kleine Shiba-Inu-Hündin namens Urania.

Wir haben eine Ferienwohnung am Grundlsee in der Steiermark, wo wir sehr gerne hinfahren, wegen der landschaftlichen Schönheit, aber auch weil es dort herrlich bequem ist und die Anreise keine großen Vorbereitungen braucht – was für einen Stubenhocker wie mich ein wichtiges Argument ist; siehe auch Abb. 1.1. Wenn es unbedingt weiter weg sein soll, ist mein Lieblingsland ganz klar Italien. Seit ich Kinder habe, reise ich ausschließlich mit meiner Familie.

Wo sind Sie aufgewachsen und gab es früh schon mathematische Vorbilder?
Ich wurde in der oberösterreichischen Stadt Steyr geboren und verbrachte meine ersten Lebensjahre in Pfarrkirchen bei Bad Hall, wo mein Vater als Augenarzt arbeitete. Mit vier Jahren kam ich mit meiner Familie nach Wien, wo ich dann auch die Volksschule und das Gymnasium besuchte. Mein mathematisches Interesse ist erst im Gymnasium erwacht und wurde durch meinen Mathematiklehrer sehr gefördert.

Meine Eltern hätten sich wahrscheinlich einen klarer erkennbaren Karrierepfad gewünscht, sie haben aber meine Studienwahl vorbehaltlos akzeptiert und mir mein Studium ermöglicht.

Abb. 1.1 Eine Collage: Der Grundlsee, Wiens feinster Silberladen, Urania und ich

Wer oder was ist für Sie besondere Inspirationsquelle?
Abgesehen von meinen Lehrer*innen im Gymnasium und an der Universität sind das vor allem:

- Euklid von Alexandria, wegen der bahnbrechenden Idee, mathematische und geometrische Sachverhalte auf Axiome, also auf nicht mehr beweisbare Grundtatsachen zurückzuführen,
- Leonhard Euler, wegen seiner coolen Art, die imaginäre Einheit einzuführen und mit unendlichen Reihen zu rechnen,
- Augustin-Louis Cauchy, wegen seiner Beiträge zur Komplexen Analysis, insbesondere Kurvenintegrale,
- Georg Cantor, wegen seiner Einführung der Mengenlehre,
- Donald Knuth, wegen seines dreibändigen Werks „The Art of Computer Programming" und seines Textsatzprogramms TeX, das ich fast täglich verwende.

Es ist eine bedauerliche Tatsache, dass die Mathematik in der Vergangenheit sehr von Männern dominiert war: Unter den wenigen Frauen finde ich Emmy Noether sehr beeindruckend, erstens wegen ihrer wichtigen Beiträge zur Algebra, und zweitens wegen der Willensstärke, mit der sie ihre Studien in einer Zeit absolvierte, in der das für Frauen sehr ungewöhnlich war.

Welche Vorlesungen unterrichten Sie derzeit? Und dürfen wir fragen, welche Vorlesung Sie generell am liebsten halten, und warum?
Ich habe im Wintersemester 2024 die Vorlesung „Einführung in das mathematische Arbeiten" für Anfänger*innen gehalten, und im Sommersemester davor die Vorlesung „Diskrete Mathematik und Theoretische Informatik". Beide Vorlesungen halte ich sehr gerne; am liebsten ist mir eigentlich immer die aktuelle Vorlesung, für deren Vorbereitung bzw. laufende Verbesserung ich gerne Zeit investiere: Denn es macht mir einfach Spaß, den Studierenden so gut wie irgend möglich die zahlreichen Hindernisse aus dem Weg zu räumen, die das Verständnis von mathematischen Inhalten erschweren. In diesem Sinne versuche ich, komplizierte Sachverhalte durch aussagekräftige Grafiken zu visualisieren, Umformungsschritte durch ausführliche Hinweise zu erklären, mit Zwischenfragen das Interesse der Studierenden wachzuhalten und ihren Blick für feine Unterschiede zu schärfen; und nicht zuletzt mit möglichst einfacher Ausdrucksweise auch die Studierenden mit nichtdeutscher Muttersprache zu erreichen. Als Hilfestellung für die Studierenden bereite ich für alle meine Vorlesungen umfangreiche Skripten und Übungsbeispiele vor (für Diskrete Mathematik auch viele Programmierbeispiele und -aufgaben in Python). Prüfungsaufgaben versuche ich immer so zu gestalten, dass nicht so sehr komplizierte, fehleranfällige Rechnungen zur Lösung erforderlich sind, sondern mehr ein grundlegendes Verständnis der wesentlichen Begriffe, Ansätze und Methoden. Diese Bemühungen werden von den Studierenden in den Evaluationen, die an meiner Fakultät für alle Lehrveranstaltungen durchgeführt werden, meistens freundlich kommentiert, was mich natürlich freut und weiter motiviert, aber die größte Freude bereiten mir jene Momente, in denen ich den Studierenden zu einem Aha-Erlebnis verhelfen kann (Abb. 1.2).

Abb. 1.2 Unser Fakultätsgebäude ist mit Hörsälen gut ausgestattet: Präsentation der Chu-Vandermonde-Identität im Rahmen der Vorlesung Diskrete Mathematik

Welche Änderungen in der Lehrer*innenausbildung schlagen Sie vor?

In Vorlesungen und Übungen für Lehramtskandidat*innen fällt mir immer wieder eine katastrophale Fehlhaltung auf, die für Außenstehende vielleicht unglaublich klingt: Manche Studierende glauben nicht daran, dass sie die mathematischen Inhalte verstehen können! In der Folge glauben sie daher auch nicht, dass die Bemühungen der Lehrenden an der Universität einen Sinn haben, und letztlich glauben sie auch nicht, dass ihre eigene Lehrtätigkeit an der Schule einen Sinn hat.

Der heilige Augustinus soll gesagt haben „In Dir muss brennen, was Du in anderen entfachen willst", und dieser Spruch passt, negativ umformuliert, sehr gut auf die Situation im Schulunterricht: Lehrkräfte, die keine Liebe und keine Begeisterung für ihr Fach haben, werden diese Liebe und Begeisterung auch nicht in ihren Schüler*innen erwecken können.

Bevor also irgendwelche Reformen von curricularen Details – weniger oder mehr Analysis, Algebra, Anwendungen etc. – überlegt werden, muss am Anfang des Lehramtsstudiums ein Empowerment aller Studierenden erreicht werden: Sie müssen zuallererst sich selbst vertrauen, dass sie die mathematischen Inhalte verstehen können, und in der Folge müssen sie ihren Lehrenden vertrauen, dass diese alles unternehmen, um dieses Verständnis zu fördern.

Ich habe leider kein Patentrezept, wie dieses Empowerment erreicht werden kann: Aber ich denke, das Lehramtsstudium müsste mit einer sehr geduldigen, feinfühlig auf die zahlreichen Verständnisschwierigkeiten eingehenden Lehrveranstaltung beginnen, in der die Studierenden anhand von anfangs sehr einfachen, gut aufeinander aufbauenden Aufgaben das Selbstvertrauen entwickeln und stärken, das für alles Weitere die Grundvoraussetzung ist. Dabei ist mir völlig klar, dass die aktuelle Situation das Ergebnis einer Jahrzehnte dauernden Abwärtsspirale ist, die nicht durch plötzliches Herumreißen des Ruders korrigierbar ist.

Was sind Gründe dafür, dass Frauen in der Forschung nach wie vor unterrepräsentiert sind, vor allem in permanenten Führungspositionen?
Ich denke, dass Vorurteile der Art „Frauen sind für Formal- und Naturwissenschaften weniger geeignet" oder „Frauen sind mit Führungspositionen überfordert" schon immer falsch waren und auch durch Frauen in allen Jahrhunderten widerlegt wurden, dass diese Vorurteile aber die längste Zeit gesellschaftlich weit verbreitet und dadurch wirkungsmächtig waren, als eine „self fulfilling prophecy".

Ich sehe zwar in den letzten Jahrzehnten einige Ansätze zur Bekämpfung dieser Vorurteile, bin aber leider skeptisch, ob hier schon ein echtes Umdenken stattgefunden hat. Um langfristig eine Änderung zu erreichen, müssten wir schon im Kindesalter ansetzen: In den Schulen sollten Mädchen für Mathematik begeistert und in ihrer mathematischen Entwicklung gefördert werden.

Was würden Sie sich für die mathematische Welt wünschen?
Mir ist die schwierige Lage für junge Kolleg*innen an der Universität erst spät klar geworden: Ich komme selbst aus einer Zeit, in der es keine Befristungsproblematik und Kettenvertragsregelungen gab; allerdings auch keine bezahlten Promotionsstellen.

Ich wünsche mir mehr Möglichkeiten freier Entfaltung für begabte junge Leute sowie verlässliche Karrierepfade innerhalb der Universität. Freie Entfaltung bedeutet für mich auch eine gewisse Unabhängigkeit von einem überbordenden Wissenschaftsbetrieb mit seinen Impactfaktoren, „publish or perish"-Forderungen und dem sanften Zwang zum Einwerben von Drittmitteln.

Mathematische Konzepte in der Finanzwirtschaft und deren Anwendung

2

In diesem Kapitel behandle ich die Themen Angebot und Nachfrage (am Beispiel einer Auktionsbörse), Arbitrage und das No-Arbitrage-Prinzip, Bewertung eines Termingeschäfts, Zinskurve und Forwardzinsen, einstufiges Binomialmodell zur Derivatbewertung, Black-Merton-Scholes-Framework zur Optionsbewertung, Value at Risk (konzeptuell und praktisch: Simulation und Copulas) und Finanzkrise 2008.

2.1 Vorbemerkungen zur Rolle der Finanzmathematik in der Praxis

Ich möchte in diesem Kapitel die Rolle erläutern, die mathematische Konzepte in der Realwirtschaft tatsächlich spielen (können), denn diese Rolle wird oft falsch eingeschätzt. Wenn man ein typisches Lehrbuch der modernen Finanzmathematik aufschlägt (und keine Erfahrung mit der Realwirtschaft hat), dann erhält man vielleicht den Eindruck, die Finanzbranche sei durch mathematische Funktionen und Modelle bestimmt, insbesondere ergäben sich die Preise von Finanzinstrumenten durch (teils komplizierte) mathematische Formeln. Das ist aber ganz realitätsfern: Preise ergeben sich in der Realität wie bei allen Handelsgeschäften durch das Wechselspiel von Angebot und Nachfrage (siehe Abschn. 2.2), und erst durch Beobachtung und Analyse dieser real auftretenden Preise ergeben sich mathematische Konstruktionen (z. B. die Zinskurve oder Volatilitätsflächen, Erklärungen dieser Begriffe folgen in Abschn. 2.6.2 und 2.8.3), die dann durch eine Kombination von mathematischen Ansätzen und ökonomischen Plausibilitätsüberlegungen zur Schätzung von theoretischen Preisen und Risiken verwendet werden können.

Die mathematischen Modelle, die dabei zum Einsatz kommen, sind (wie alle Modelle!) vereinfachte Nachbildungen der wirtschaftlichen Sachverhalte und basieren auf vereinfachenden Annahmen, die in der Realität kaum jemals vollständig erfüllt sind. Die unvorsichtige Vermischung von mathematischen Konzepten mit realen Rahmenbedingungen kann auch schiefgehen: Ich werde das am Ende dieses Abschnitt anhand der Finanzkrise andeuten, die 2008 mit dem Zusammenbruch von Lehman Brothers begann.

Es gibt viele Lehrbücher zu Themen der modernen Finanzmathematik, die weiteres Material zu den hier vorgestellten Begriffen und Methoden enthalten [Duf96; EKM97; Hul00; Ale96] bzw. mathematisch mehr in die Tiefe gehen [Reb08; Ros03; McK69].

2.1.1 Darstellung kursorisch, und „analog" zur Mathematik

In der folgenden Darstellung verwende ich Begriffe wie Definition oder Satz analog zur mathematischen Ausdrucksweise[1] – aber schon die erste „Definition" macht klar, dass diese Analogie eher oberflächlich ist:

Definition 2.1.1 (Finanzinstrument und Finanzmarkt) Ein Finanzinstrument ist etwas, was am Finanzmarkt gehandelt wird, und der Finanzmarkt ist der Markt, an dem Finanzinstrumente gehandelt werden.

Bemerkung 2.1.1 Diese zirkuläre „Definition" erklärt im mathematischen Sinn natürlich nichts, sondern führt einfach zwei Begriffe ein, deren Bedeutung sich erst aus Beispielen erschließt:

- Die typischen Finanzinstrumente sind Wertpapiere & Fonds (Anleihen- oder Aktienfonds), Derivate (Forwards, Futures, Optionen, Swaps; ein Teil dieser Begriffe wird in Abschn. 2.5 und folgenden erklärt), Devisengeschäfte, aber auch Kredite und (teilweise) Versicherungskontrakte.
- Die typischen Bestandteile des Finanzmarkts sind Börsen (die sehr verschieden organisiert sein können) und der Interbankenhandel (also Geschäfte, die direkt zwischen Banken abgewickelt werden).

In diesem Kapitel werde ich noch öfter Begriffe behandeln, die streng mathematischen Ansprüchen an Vollständigkeit und Genauigkeit nicht gerecht werden. Das liegt in der Natur der Sache, denn die (finanz)wirtschaftliche Realität lässt sich nicht so genau mathematisch fassen; mathematische Begriffe dienen hier meist nur zur Modellierung einzelner Aspekte, und vermeintliche „Gesetze" gelten in der Regel nur „in erster Näherung".

---

[1] In Abwandlung von Spinozas „Ethica, ordine geometrico demonstrata" sozusagen „Oeconomia, ordine mathematico demonstrata".

2.2 Angebot und Nachfrage, am Beispiel einer (Auktions-)Börse

Eine Auktionsbörse sammelt Orders (Kauf- und Verkaufsaufträge) für einzelne Wertpapiere (z. B. Aktien) und bestimmt anhand dieser gesammelten Informationen einen Kurs (Preis des Wertpapiers): Dabei besteht eine einzelne Order[2] aus der Angabe

- einer Stückzahl (wie viele Wertpapiere möchte der*die Börseteilnehmer*in kaufen oder verkaufen?)
- und eines Preises (zu welchem Preis möchte der*die Börseteilnehmer*in kaufen oder verkaufen?).

Durch Aufsummieren der einzelnen Kauf- und Verkaufsorders werden die Angebotskurve (englisch: „supply curve") und die Nachfragekurve (englisch: „demand curve") bestimmt, mathematisch ausgedrückt sind das Funktionen $s(p)$ und $d(p)$ von $[0, \infty)$ nach $[0, \infty)$, die jedem Preis p gewisse Stückzahlen zuordnen:

- $d(p)$ ist die Stückzahl, die zum Preis p insgesamt nachgefragt wird; nach Konstruktion ist d als Funktion in p monoton fallend (je höher der Preis, desto niedriger die nachgefragte Stückzahl),
- $s(p)$ ist die Stückzahl, die zum Preis p insgesamt angeboten wird; nach Konstruktion ist s als Funktion in p monoton steigend (je höher der Preis, desto höher die angebotene Stückzahl).

Tab. 2.1 und Abb. 2.1 illustrieren das anhand eines Beispiels (mit fiktiven Zahlen).

Die theoretische Ökonomie charakterisiert den sich ergebenden Marktpreis p_0 dadurch, dass Angebots- und Nachfragekurve einander beim Preis p_0 schneiden[3] (siehe Abb. 2.1), und argumentiert, dass für alle anderen Preise ein Ungleichgewicht (also Angebot größer als Nachfrage, oder umgekehrt) eintritt, das durch die Kräfte des Marktes rasch verschwindet:

- Wenn das Angebot größer ist als die Nachfrage, dann entsteht ein Druck auf die Verkäufer, ihre Verkaufspreise zu senken,
- und wenn umgekehrt die Nachfrage größer ist als das Angebot, dann entsteht ein Druck auf die Käufer, ihre Preisangebote zu erhöhen.

---

[2] In der Realität gibt es kompliziertere Orders: Wir betrachten die Sache hier in ihrer einfachsten Ausprägung.
[3] Schon dieses einfache Konzept ist streng mathematisch gesehen ungenau: Denn für die Treppenfunktionen s und p muss es keineswegs immer einen eindeutigen Preis p_0 mit $s(p_0) = d(p_0)$ geben.

Tab. 2.1 Die Tabelle zeigt die nachgefragten bzw. angebotenen Stückzahlen bei verschiedenen einzelnen Preisen sowie die Gesamtnachfrage bzw. das Gesamtangebot, das sich daraus durch Aufsummieren ergibt; für die Nachfrage „von unten nach oben" und für das Angebot „von oben nach unten" (die Zahlen sind beispielhaft, nur zur Illustration)

Preis	Nachfrage		Angebot	
	Order einzeln	Summiert	Order einzeln	Summiert
170	500	3000	0	0
180	100	2500	0	0
190	300	2400	0	0
200	100	2100	0	0
210	50	2000	100	100
220	100	1950	110	210
230	75	1850	140	350
240	125	1775	140	490
250	100	1650	160	650
260	150	1550	150	800
270	175	1400	200	1000
280	175	1225	225	1225
290	150	1050	175	1400
300	100	900	200	1600
310	50	800	200	1800
320	250	750	450	2250
330	300	500	250	2500
340	200	200	200	2700
350	0	0	100	2800
360	0	0	150	2950
370	0	0	50	3000

Die Börse sieht das viel nüchterner: Da sie an jedem gehandelten Stück eines Wertpapiers verdient[4], bestimmt Sie den Preis p_0 so, dass die Anzahl der Stücke, die zu diesem Preis gehandelt werden können, maximal ist.

Abb. 2.1 zeigt, dass die theoretische und die nüchterne Betrachtungsweise (salopp gesprochen) zum selben Ergebnis führen.

Bemerkung 2.2.1 (Market-Maker-System) Es gibt nicht nur Auktionsbörsen: An Börsen mit einem Market-Maker-System werden Preise

- für marktübliche Stückzahlen von Finanzinstrumenten
- laufend während der Börsenöffnungszeiten

---

[4] Der Betrieb einer Börse ist eine Dienstleistung: Für Handelsgeschäfte, die an der Börse abgewickelt werden, fallen Transaktionskosten (Kommissionen, Gebühren) an.

2.2 Angebot und Nachfrage, am Beispiel einer (Auktions-)Börse

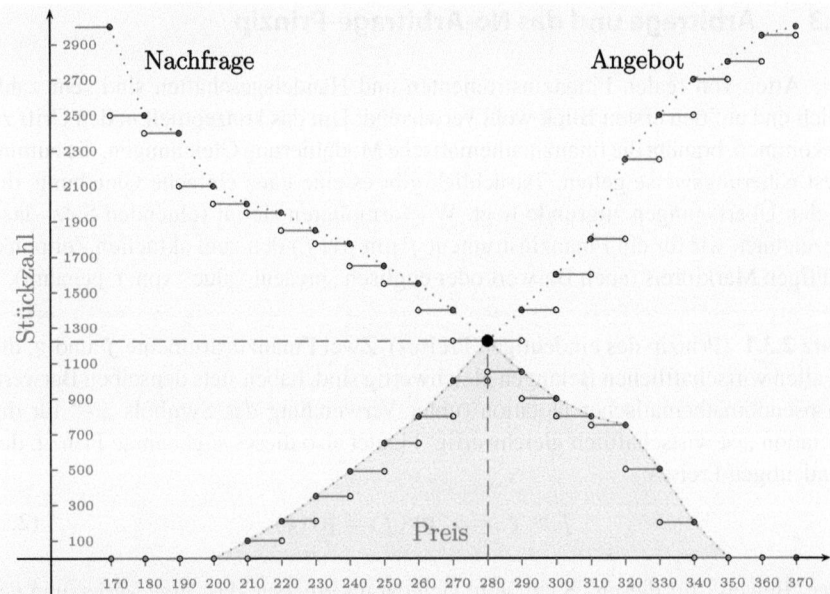

Abb. 2.1 Grafische Darstellung der Zahlen aus Tab. 2.1. Angebots- und Nachfragefunktion sind Treppenfunktionen, deren Graphen keinen Punkt gemeinsam haben müssen: In unserem Beispiel gibt es aber einen solchen Schnittpunkt; für (Preis = 280, Stückzahl = 1225). In der theoretischen Ökonomie ersetzt man die realen Angebots- und Nachfragekurven durch stetige Funktionen (in der Grafik durch eine gepunktete Linie angedeutet), dann gibt es (unter schwachen Voraussetzungen) immer einen Schnittpunkt

durch professionelle Börseteilnehmer*innen, sogenannte Market Maker, veröffentlicht, in Form von Bid- und Askkursen (Ankaufs- und Verkaufskursen). Der Vorteil dieses Systems ist, dass die Marktteilnehmer*innen sofort kaufen oder verkaufen können, ohne auf passende Orders warten zu müssen.

Ebenso wie alle anderen Marktteilnehmer*innen versucht ein Market Maker, einen Gewinn zu machen. Daher ist der Bidkurs (also der Preis, zu dem der*die Market Maker ein Finanzinstrument kauft) immer kleiner als der Askkurs (also der Preis, zu dem der*die Market Maker ein Finanzinstrument verkauft); dabei darf aber die Differenz (der sogenannte Spread) zwischen Ask und Bid „im Normalbetrieb nicht zu groß" sein.

In der Praxis muss neben vielen anderen Details genau festgelegt werden, wie groß der Spread sein darf, und was als „Normalbetrieb" an einer Börse gilt: Eine vollständige Erläuterung der Regeln für Market Maker (die auch von Börse zu Börse verschieden sind!) würde den Rahmen dieses Buches sprengen.

Im Folgenden geht es teils praxisnah und daher mathematisch nicht unbedingt exakt weiter: Das liegt „in der Natur der Sache", denn wirtschaftliche Gegebenheiten lassen sich nicht durch so wenige und so exakte Begriffe und Gleichungen beschreiben wie mathematische oder physikalische Sachverhalte.

2.3 Arbitrage und das No-Arbitrage-Prinzip

Die Arten von realen Finanzinstrumenten und Handelsgeschäften sind sehr zahlreich und auf den ersten Blick wohl verwirrend: Um das konzeptuell in den Griff zu bekommen, braucht die finanzmathematische Modellierung Gleichungen, die zumindest näherungsweise gelten. Tatsächlich gibt es eine ganz einfache Gleichung, die vielen Überlegungen zugrunde liegt: Wir formulieren sie im folgenden Satz; dazu bezeichnen wir für ein Finanzinstrument f mit $\mathbf{pv}(f)$ den zum aktuellen Zeitpunkt gültigen Marktpreis (auch Barwert oder englisch „present value" von f genannt).

Satz 2.3.1 (Prinzip des eindeutigen Preises) Zwei Finanzinstrumente f und g, die in allen wirtschaftlichen Belangen gleichwertig sind, haben stets denselben Barwert. In pseudomathematischer Notation (unter Verwendung des Symbols „$\sim$" für die Relation „ist wirtschaftlich gleichwertig") lautet also dieses sogenannte Prinzip des eindeutigen Preises:

$$f \sim g \implies \mathbf{pv}(f) = \mathbf{pv}(g). \tag{2.1}$$

Der „Beweis" für diesen „Satz" wird sich daraus ergeben, dass eine Verletzung der Gl. (2.1) „unter gewissen Voraussetzungen ökonomisch unmöglich" ist. Was damit gemeint ist, versteht man am besten anhand eines typischen Beispiels:

Beispiel 2.3.1 Wenn ein und dasselbe Wertpapier f an zwei verschiedenen Börsenplätzen A und B gehandelt wird, dann sind

- die Stücke f_A, die in A gehandelt werden,
- und die Stücke f_B, die in B gehandelt werden,

zwar nicht identisch, aber in allen wirtschaftlichen Belangen gleichwertig. Wenn Gl. (2.1) verletzt wäre, also z. B.

$$\mathbf{pv}(f_A) > \mathbf{pv}(f_B)$$

gälte, dann könnte eine findige Investor*in n Stücke in B kaufen, sofort nach A bringen und dort verkaufen, und ihr risikoloser Gewinn wäre dann

$$n \cdot (\mathbf{pv}(f_A) - \mathbf{pv}(f_B)) > 0.$$

Definition 2.3.1 (Risiko und Arbitrage) Unter Risiko eines Finanzgeschäfts verstehen wir einfach die Unsicherheit des (finanziellen) Erfolgs (oder Misserfolgs), die damit verbunden ist: Ein risikoloses Finanzgeschäft hat definitionsgemäß bei allen (zufälligen) Entwicklungen des Finanzmarkts denselben (finanziellen) Erfolg.

Ein Geschäft, bei dem ohne (nennenswerten) Einsatz von Kapital oder (nennenswerter) Arbeit ein risikoloser Gewinn erzielt werden kann, bezeichnet man als Arbitragegeschäft.

2.3 Arbitrage und das No-Arbitrage-Prinzip

Bemerkung 2.3.1 Ein wirklich völlig risikoloses Finanzgeschäft gibt es natürlich nur in theoretischen Modellen: In der Praxis ist die Wahrscheinlichkeit, einen Verlust zu erleiden, niemals gleich null.

Das einfachste Beispiel für ein Arbitragegeschäft ist die sogenannte Platzarbitrage, die wir gerade in Beispiel 2.3.1 betrachtet haben: Ein Wertpapier wird an verschiedenen Börsenplätzen zu unterschiedlichen Preisen gehandelt.

Definition 2.3.2 (Entwickelter Markt) In ökonomischen Argumentationen spielt häufig der Begriff „entwickelter Markt" eine Rolle: Darunter versteht man Märkte,

- an denen (im Prinzip) jede*r ohne (prohibitive) Kosten teilnehmen kann (freier Marktzugang),
- bei dem ein freier Informationszugang (betreffend Preise und Waren) für alle Marktteilnehmer*innen gegeben ist,
- und der (normalerweise) immer liquid ist (d.h. dass man „zu üblichen Zeiten"[5] immer „übliche Stückzahlen"[6] kaufen oder verkaufen kann).

(Wie gesagt: In diesem Kapitel des Buches sind wir mit Begriffsbildungen konfrontiert, die streng mathematischen Ansprüchen an Vollständigkeit und Genauigkeit nicht gerecht werden.)

Satz 2.3.2 (No-Arbitrage-Prinzip) In entwickelten Märkten gibt es keine Möglichkeiten für Arbitragegeschäfte (Arbitragemöglichkeiten).

Warum ist dieser „Satz" „im Großen und Ganzen" gerechtfertigt? Wir argumentieren analog zu einem indirekten Beweis.

Beweis Angenommen, es gäbe eine echte Arbitragemöglichkeit in einem entwickelten Markt: „Nach Voraussetzung" (freier Informationsfluss) lockt diese sofort alle Marktteilnehmer*innen an, die die Situation ausnützen wollen. Dadurch entsteht ein Ungleichgewicht, das die Arbitragemöglichkeit zum Verschwinden bringt. □

Das ist natürlich kein Beweis im mathematischen Sinn, sondern ein ökonomisches Plausibilitätsargument. Um dieses Gleichgewichtsargument zu verstehen, betrachten wir nochmals Beispiel 2.3.1: Durch das Ausnützen der Arbitragemöglichkeit, also

- Kauf von (billigen) Wertpapieren in B
- und Verkauf von denselben (teuren) Wertpapieren in A

---

[5] Also nicht am Sonntagabend.
[6] Also nicht 12 Mrd. Stück.

wird

- in B die Nachfrage erhöht (und dadurch auch tendenziell der Preis),
- in A das Angebot erhöht (und dadurch der Preis tendenziell gesenkt).

Die Preisdifferenz, die die Arbitragemöglichkeit verursacht, verschwindet also durch den „Ausgleich von Angebot und Nachfrage".

Bemerkung 2.3.1 Wir haben also keineswegs „mathematisch bewiesen", dass Arbitrage absolut unmöglich ist[7]; auch das ökonomische Gleichgewichtsargument beweist ja nur, dass Arbitragemöglichkeiten nicht lange Bestand haben. Abgesehen davon werden bei Platzarbitrage in irgendeiner Form Transport- und Transaktionskosten anfallen, um die Stücke von einem Ort zum anderen zu bringen[8], und der Transfer der Stücke ist auch nicht völlig risikofrei.

2.4 Portfolios von Finanzinstrumenten

Definition 2.4.1 (Portfolio (eventuell: replizierend)) Ein Portfolio von Finanzinstrumenten ist einfach eine Zusammenfassung von verschiedenen Finanzinstrumenten f_i in bestimmten Quantitäten (bei Wertpapieren: Stückzahlen) λ_i.

Für Mathematiker*innen ist es naheliegend, ein solches Portfolio als eine Linearkombination von Finanzinstrumenten $(f_i)_{i \in I}$ (für eine passend gewählte Indexmenge I) anzusehen, also als

$$\sum_{i \in I} \lambda_i f_i.$$

Umgekehrt kann man aber auch jedes Portfolio selbst als ein (sozusagen „zusammengesetztes") Finanzinstrument f betrachten (so wie eine Linearkombination von Vektoren selbst auch wieder ein Vektor ist):

$$f = \sum_{i \in I} \lambda_i f_i.$$

Wenn ein solches Portfolio f „in allen wirtschaftlichen Belangen gleichwertig" mit einem anderen Finanzinstrument g ist, dann nennt man f ein replizierendes Portfolio für g; und gemäß dem Prinzip des eindeutigen Preises (2.1) gilt dann

$$f \sim g \implies \mathbf{pv}(f) = \mathbf{pv}(g).$$

---

[7] Auch in der Finanzwirtschaft führt man keine eigenen Begriffe für Dinge ein, die es gar nicht gibt.
[8] Selbst wenn die Papiere nur elektronisch umgebucht werden, fallen doch Spesen und Gebühren an.

2.4 Portfolios von Finanzinstrumenten

Die Quantitäten λ_i in einem Portfolio können in der Realität nicht völlig beliebige reelle Zahlen sein:

- Für Wertpapiere sind sie (normalerweise) ganzzahlig,
- und in den meisten Fällen sind sie nichtnegativ.

Diese Einschränkungen werden in der mathematischen Modellierung oft nicht beachtet. In manchen Fällen können Quantitäten aber auch tatsächlich negativ sein:

Definition 2.4.2 (Short Selling) In entwickelten Finanzmärkten ist es oft möglich, ein Finanzinstrument zu verkaufen, das man gar nicht besitzt. Das funktioniert „abwicklungstechnisch" so, dass man sich das Finanzinstrument ausborgt (Wertpapierleihe) und später zurückgibt – im Grunde also ganz analog einem Kredit, mit dem man ja auch in der Lage ist, Geld auszugeben, das man zunächst gar nicht besitzt. Diese Möglichkeit nennt man Leerverkauf oder Short Selling.

Wenn Short Selling möglich ist, kann ein Portfolio also auch eine negative Quantität eines Finanzinstruments enthalten.

Das Konzept „replizierendes Portfolio" (siehe Definition 2.4.1) hat folgenden Zweck: Wenn man davon ausgeht, dass (zumindest in erster Näherung) die Bestimmung des Barwerts „wie ein linearer Operator" wirkt, also

$$\mathbf{pv}(\lambda_1 \cdot f_1 + \cdots + \lambda_n \cdot f_n) = \lambda_1 \cdot \mathbf{pv}(f_1) + \cdots + \lambda_n \cdot \mathbf{pv}(f_n) \qquad (2.2)$$

gilt, dann kann man den Barwert eines „komplizierten" Finanzinstruments g, das ein replizierendes Portfolio $g \sim f = \lambda_1 f_1 + \cdots + \lambda_n f_n$ hat, aus den Barwerten der Bestandteile f_i (zumindest in erster Näherung) berechnen.

$$g \sim f \implies \mathbf{pv}(g) = \mathbf{pv}(f) = \sum_{i=1}^{n} \lambda_i \cdot \mathbf{pv}(f_i).$$

Bemerkung 2.4.1 Wieso gilt eine so naheliegende Gleichung wie (2.2) nur in erster Näherung? Auch aus der Alltagserfahrung kennt man Mengenrabatte, die es genauso im Finanzmarkt gibt, sodass also für $\lambda > 1$ nur die Ungleichung

$$\mathbf{pv}(\lambda \cdot f) \leq \lambda \cdot \mathbf{pv}(1 \cdot f)$$

gilt: Der Stückpreis für einen Kauf hängt im Allgemeinen von der Anzahl der Stücke ab.

2.5 Bewertung eines Termingeschäfts

Die Nutzanwendung des Konzepts „replizierendes Portfolio" für die Bestimmung des (theoretischen) Preises eines Finanzinstruments erkennt man schnell am konkreten Beispiel des Termingeschäfts.

Definition 2.5.1 (Termingeschäft & Future) Ein Termingeschäft (synonym: Terminkontrakt) ist eine verbindliche Vereinbarung zwischen zwei Partner*innen A und B, zu einem festen Termin T in der Zukunft Finanzinstrumente f_A und f_B in festen Mengen $\lambda_A : \lambda_B$ auszutauschen, also:

- A liefert $\lambda_A \cdot f_A$ an B
- und B liefert $\lambda_B \cdot f_B$ an A,

gleichzeitig zum Termin T, wobei $c := \frac{\lambda_B}{\lambda_A}$ als Terminkurs oder Forward Price bezeichnet wird.

In den meisten Fällen ist zumindest eines der beteiligten Finanzinstrumente eine Währung.

Ein Devisentermingeschäft ist ein Termingeschäft, bei dem beide beteiligten Finanzinstrumente f_A und f_B Währungen sind.

Termingeschäfte können direkt zwischen zwei Vertragspartner*innen abgeschlossen werden (im Jargon: „Over-the-counter", kurz OTC), und dabei können Vertragsbedingungen weitgehend beliebig formuliert werden; es gibt sie aber auch in standardisierter Form als Finanzinstrumente, die an einer Börse gehandelt werden: Solche standardisierten, börsengehandelten Termingeschäfte bezeichnet man als Futures.

Beispiel 2.5.1 (Devisentermingeschäft) Sei $f_A = €$ (Währung EURO), $f_B = \$$ (Währung US$), $\lambda_A = 1000$ und $\lambda_B = 1400$ (also Terminkurs $c = 1{,}4$); der aktuelle Zeitpunkt sei $t = 0$, und der Termin sei der Zeitpunkt $t = T$: Wir bezeichnen diesen Terminkontrakt mit g.

Das replizierende Portfolio f für diesen Terminkontrakt g besteht aus Sicht der Vertragspartner*in A einfach aus zwei Zahlungen in T Jahren[9], nämlich:

$$f = -1000\,€ + 1400\,\$ \text{ in } T \text{ Jahren.}$$

Der Barwert der Finanzinstrumente (Währungen)

- „1 € in T Jahren" (ausgedrückt in der Währung €)
- „1 \$ in T Jahren" (ausgedrückt in der Währung \$)

---

[9] Aus Sicht von B sind einfach die Vorzeichen vertauscht: $1000\,€$ und $= -1400\,\$$.

2.5 Bewertung eines Termingeschäfts

hängt von den Zinsen im Zeitpunkt $t = 0$ für € bzw. $ ab, und diese Abhängigkeit wird durch Diskontfaktoren[10] (die vom aktuellen Zeitpunkt und von der Laufzeit T abhängen!) ausgedrückt:

- $\mathbf{pv}(1\ \text{€ in } T \text{ Jahren}) = \mathbf{df}_\text{€}(0, T) \cdot 1$,
- $\mathbf{pv}\big(1\ \$ \text{ in } T \text{ Jahren}\big) = \mathbf{df}_\$(0, T) \cdot 1$.

Für den Barwert des replizierenden Portfolios f brauchen wir dann noch den Wechselkurs c_0 zum aktuellen Zeitpunkt:

$$1 \cdot \text{€} = c_0 \cdot \$ \iff 1 \cdot \$ = \frac{1}{c_0} \cdot \text{€}.$$

Wenn wir annehmen, dass die Heimatwährung von Vertragspartner*in A der EURO (€) ist, dann sollten wir den Barwert aus Sicht von A in der Währung € berechnen:

$$\mathbf{pv}_\text{€}(f) = -1000 \cdot \mathbf{df}_\text{€}(0, T) + 1400 \cdot \frac{\mathbf{df}_\$(0, T)}{c_0}.$$

Was das Geschäft allerdings bei Fälligkeit in T Jahren wert ist, hängt vom Wechselkurs c_T in T Jahren ab. Dieser Wert ist aktuell (zum Zeitpunkt 0) unbekannt: Als beste Schätzung für c_T wird jener Terminkurs angesehen, für den der Barwert des Termingeschäfts null wird, also

$$0 = -\lambda_A \cdot \mathbf{df}_\text{€}(0, T) + \lambda_B \cdot \frac{\mathbf{df}_\$(0, T)}{c_0},$$

und somit

$$\text{Schätzung für } \left(c_T = \frac{\lambda_B}{\lambda_A}\right) = \frac{\mathbf{df}_\text{€}(0, T)}{\mathbf{df}_\$(0, T)} \cdot c_0.$$

Wenn wir das No-Arbitrage-Prinzip (Satz 2.3.2) voraussetzen, dann können wir „beweisen", dass der eben berechnete Barwert $\mathbf{pv}_\text{€}(f)$ gleich dem aktuellen Marktpreis $m_\text{€}$ des Termingeschäfts f sein muss: Wir argumentieren dazu wieder indirekt und nehmen an, dass

$$m_\text{€} < \mathbf{pv}_\text{€}(f) = -1000 \times \mathbf{df}_\text{€}(0, T) + 1400 \times \frac{\mathbf{df}_\$(0, T)}{c_0} \tag{2.3}$$

gilt: Dann könnte ein*e findige Investor*in den „zu billigen" Terminkontrakt kaufen, d. h., sie verpflichtet sich, zum Zeitpunkt T

- 1000 € zu liefern

---

[10] Diskontfaktoren „rechnen also Geldbeträge zu verschiedenen Zeiten ineinander um", siehe Abschn. 2.6.1.

- und dafür 1400 $ entgegenzunehmen;

für das Eingehen dieses Kontrakts muss er*sie den Marktpreis $m_€$ bezahlen. Das mit diesem Geschäft verbundene Risiko kann er*sie durch den Verkauf des replizierenden Portfolios f eliminieren, d. h.:

- Er*sie borgt in Amerika $1400 \cdot \mathbf{df}_\$(0, T)$ US\$ auf Laufzeit T aus: Als Rückzahlung werden im Zeitpunkt T 1400\$ fällig, die sie durch den Deviseneingang aus dem Termingeschäft genau abdeckt,
- er*sie wechselt die ausgeborgten Dollar sofort in EURO um (das ergibt also $1400 \cdot \frac{\mathbf{df}_\$(0,T)}{c_0}€$) und veranlagt diesen Betrag minus $m_€$ sofort auf dieselbe Laufzeit T in Europa: Bis zum Zeitpunkt T wächst dieser Betrag auf genau

$$M_€ = \left(1400 \cdot \frac{\mathbf{df}_\$(0, T)}{c_0} - m_€\right) \frac{1}{\mathbf{df}_€(0, T)} €.$$

Nach Annahme (2.3) ist $M_€$ größer als 1000, daher verbleibt dem*r Investor*in nach der Zahlung von 1000 € (zu der er*sie aus dem Terminkontrakt verpflichtet ist) im Zeitpunkt T die (positive) Differenz

$$M_€ - 1000 > 0$$

als ein Gewinn ohne Kapitaleinsatz und ohne Risiko, ein Widerspruch zum No-Arbitrage-Prinzip.

Wenn die umgekehrte Ungleichung

$$m_€ > \mathbf{pv}_€(f)$$

gilt, dann kann der*die Investor*in den „zu teuren" Terminkontrakt g verkaufen und mit der „umgedrehten" Hedgestrategie (vereinnahmten Betrag $m_€$ und ausgeborgten €-Betrag $1000 \cdot \mathbf{df}_€(0, T)$ sofort in Dollar wechseln und veranlagen) das Risiko eliminieren und einen „sicheren Gewinn" machen; wieder im Widerspruch zum No-Arbitrage-Prinzip.

Definition 2.5.2 (Hedge (und Hedgeeffizienz)) Ein Geschäft, mit dem das Risiko eines Grundgeschäfts reduziert oder vollständig eliminiert wird, nennt man ein Hedgegeschäft[11], und den Abschluss von risikoreduzierenden Geschäften nennt man eine Hedgingstrategie.

---

[11] Dasselbe Wort „Hedge" bedeutet aber in der Zusammensetzung „Hedgefonds" etwas völlig anderes!

2.5 Bewertung eines Termingeschäfts

Banken schließen vielfach Hedgegeschäfte ab, um ihr Gesamtrisiko und die damit einhergehende[12] zu senken: Die Wirksamkeit dieser Risikoreduktion wird als Hedgeeffizienz bezeichnet (sie ist Gegenstand aufsichtsrechtlicher Vorgaben und diesbezüglicher Prüfungen).

Bemerkung 2.5.1 In Beispiel 2.5.1 ist das Grundgeschäft der Kauf oder Verkauf des Terminkontrakts g, und das Hedgegeschäft ist der Verkauf oder Kauf des replizierenden Portfolios f, und die komplizierte Hedgingstrategie zeigt wohl deutlich: Die praktische Ausnützung einer theoretischen Arbitragemöglichkeit ist erstens nicht ganz einfach und „funktioniert" zweitens nur unter Annahmen, die in der Realität keineswegs immer erfüllt sind: Es ist zum Beispiel kaum jemals der Fall, dass man Geld zum selben Zinssatz ausborgen und veranlagen kann – Zinsen, die man für ein Darlehen entrichten muss, sind in aller Regel (deutlich) höher als Zinsen, die man für ein Sparguthaben erhält.

Der Grundgedanke zur Bewertung von Termingeschäften ist also sehr einfach: Wenn Marktteilnehmende ein Finanzinstrument f zum Zeitpunkt T um Preis c_T verkaufen wollen, dann können sie für dieses Termingeschäft

- Ausborgen des aktuellen Kaufpreises c_0 von f, auf Laufzeit T,
- und Kauf von f (zum aktuellen Preis c_0)

als replizierendes Portfolio wählen. Zum Zeitpunkt T wickeln sie das Termingeschäft dann so ab:

- vertragsgemäße Lieferung des bereits zum Zeitpunkt $t = 0$ gekauften Finanzinstrument f,
- Vereinnahmung des vertragsgemäß vereinbarten Kaufpreises c_T,
- Rückzahlung der verzinslich auf $\mathbf{df}(0, T) \cdot c_0$ angewachsenen Ausleihung.

Die Differenz

$$c_T - \mathbf{df}(0, T) \cdot c_0$$

ist der Barwert des Termingeschäfts zum Zeitpunkt T (aus Sicht des*der Verkäufer*in).

(Offensichtlich wird für diese sehr einfache Überlegung angenommen, dass das Finanzinstrument f bis zum Termin sicher, ohne Qualitätsverlust und ohne Kosten aufbewahrt werden kann: Für viele Rohstoffe gilt das jedenfalls nicht!)

---

[12] Zur Absicherung gegen gefährliche Verluste aus riskanten Finanzgeschäfte müssen Banken Teile ihres Eigenkapitals reservieren, siehe auch Abschn. 2.11.

2.6 Zinsen, Zinskurve und Forwardzinsen

Über Verzinsung („Zeitwert des Geldes") könnte man lange philosophieren, hier setzen wir einfach ein „Grundverständnis aus der Alltagserfahrung" voraus. Trotz enormer Innovationen auf den verschiedensten Gebieten hat sich (buchstäblich seit Jahrhunderten) nichts daran geändert, dass Zinsen im herkömmlichen Bankgeschäft[13] eine ganz zentrale Rolle spielen.

2.6.1 Elementare Zinseszinsrechnung

Rein mathematisch wäre der Begriff Diskontfaktor für die Beschreibung des Phänomens Verzinsung völlig ausreichend:

$$\mathbf{df}(0, T) := \mathbf{pv}(1 \text{ Geldeinheit in } T \text{ Jahren}).$$

In der Praxis werden Zinsen aber anders angegeben:

Definition 2.6.1 (Effektive Rendite und annualisierter Zinssatz) Wenn ein Geldbetrag N auf eine feste Zeitperiode T angelegt wird, dann ist die effektive Rendite dieser Veranlagung definiert als

$$\mathbf{r}_{\text{eff}}(T) := \frac{\text{Rückzahlung zur Zeit } T - N}{N}. \tag{2.4}$$

In der Regel weiß man nicht im Vorhinein mit Sicherheit, wie groß diese effektive Rendite sein wird. Wenn diese Veranlagung aber bei einer Bank zu einem festen Zinssatz erfolgt, dann bedeutet das, dass die effektive Rendite im Vorhinein bekannt ist (jedenfalls wenn wir vereinfachend – aber nicht 100%ig realistisch! – annehmen, dass die Bank unter allen Umständen ihren Zahlungsverpflichtungen nachkommen wird), und das wird üblicherweise durch einen annualisierten (auf ein Jahr bezogenen) Zinssatz $\mathbf{r}$ ausgedrückt. Der aus der Schule bekannte Zinseszinseffekt bedeutet: Ein Betrag von N, angelegt bei einem festen jährlichen (oder: annualisierten) Zinssatz $\mathbf{r}$, wächst verzinslich an auf

- $N \cdot (1 + \mathbf{r})$ innerhalb eines Jahres,
- $N \cdot (1 + \mathbf{r})^T$ innerhalb von T Jahren (zunächst für $T \in \mathbb{N}$).

Es gilt also:

$$\mathbf{r}_{\text{eff}}(T) = (1 + \mathbf{r})^T - 1.$$

Die Angabe des annualisierten Zinssatzes erfolgt üblicherweise in Prozent: Ein Zinssatz von 6 % bedeutet also $\mathbf{r} = 0{,}06$.

---

[13] In Teilen der islamischen Welt ist das Verleihen von Geld gegen Zinsen aus religiösen Gründen verboten: Das Islamic Banking unterscheidet sich daher vom „herkömmlichen" Bankgeschäft.

2.6 Zinsen, Zinskurve und Forwardzinsen

Definition 2.6.2 (Kontinuierliche Verzinsung) Für $T \in \mathbb{N}$ wächst ein Geldbetrag N, der zum festen (annualisierten) Zinssatz $\mathbf{r}$ auf T Jahre angelegt wird, bis zum Ablauf der T Jahre definitionsgemäß auf

$$(1 + \mathbf{r})^T.$$

Das kann man mithilfe von Logarithmus[14] und Exponentialfunktion folgendermaßen umschreiben:

$$\exp\left(\log\left((1 + \mathbf{r})^T\right)\right) = e^{\log(1+\mathbf{r}) \cdot T}.$$

Die Schreibweise mit der Exponentialfunktion ist so bequem, dass sie in vielen Lehrbüchern zu Finanzmathematik oder Ökonomie durchgehend verwendet wird: Definiert man den kontinuierlichen (jährlichen und als konstant angenommenen) Zinssatz $\hat{\mathbf{r}}$ als

$$\hat{\mathbf{r}} := \log(1 + \mathbf{r}),$$

dann wird die verzinsliche Veränderung von Zeitpunkt t_0 bis Zeitpunkt t_1 (also mit Laufzeit $T = t_1 - t_0$, mit $t_0, t_1 \in \mathbb{R}$) durch den Diskontfaktor

$$\mathbf{df}(t_0, t_1) = e^{\hat{\mathbf{r}} \cdot (t_0 - t_1)} = e^{-\hat{\mathbf{r}} \cdot T}$$

beschrieben: Die Laufzeit $T = t_1 - t_0$ kann hier also eine beliebige reelle Zahl sein, insbesondere auch negativ (dann liegt der Zahlungszeitpunkt t_1 in der Vergangenheit: $t_0 > t_1$): In jedem Fall liefert die Multiplikation mit dem Diskontfaktor $\mathbf{df}(t_0, t_1)$ den Barwert im Zeitpunkt t_0 für eine Zahlung zum Zeitpunkt t_1.

Für praktische Rechnungen darf man den „üblichen" Zinssatz $\mathbf{r}$ natürlich nicht mit dem kontinuierlichen Zinssatz $\hat{\mathbf{r}}$ verwechseln.

Was mathematisch sehr übersichtlich und einfach erscheint, wird in der finanzwirtschaftlichen Praxis dadurch kompliziert, dass Zeit

1. in Tagen gemessen wird, die dann auf verschiedene Arten[15] in Jahresbruchteile umgerechnet werden,
2. und dass Banken (üblicherweise) an Feiertagen keine Zahlungen durchführen, sodass Zahlungen, die auf Feiertage fallen würden, auf verschiedene Arten[16] auf andere (Bankarbeits-)Tage verschoben werden:

In der Praxis ist Zeit also keine reelle, sondern eine rationale Variable (die verschiedene komplizierte Zusatzbedingungen erfüllen muss).

---

[14] Gemeint ist hier der natürliche Logarithmus zur Basis e.
[15] Ja, es gibt mehrere sogenannte Day Count Conventions (also Zählweisen für Zinstage).
[16] Ja, es gibt mehrere sogenannte Business Date Conventions.

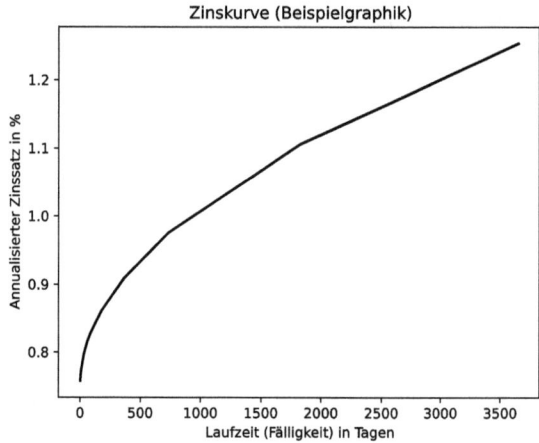

Abb. 2.2 Illustration: Zinskurve. Es ist nicht immer der Fall, dass die Zinskurve – wie in dieser Beispielgrafik – monoton steigend ist

2.6.2 Die Zinskurve

Es gibt beim Thema Zinsen eine weitere Komplikation, die wir nun betrachten wollen: Der (annualisierte) Zinssatz ist kaum jemals wirklich konstant, sondern

- hängt von der Laufzeit T ab
- und ändert sich im Zeitablauf (d. h., Zinsen können steigen oder sinken).

Definition 2.6.3 (Zinskurve) Es ist eine Erfahrungstatsache, dass der (annualisierte) Zinssatz $\mathbf{r}$ von der Zinsbindung (also von der vereinbarten Laufzeit $T \geq 0$ des Kredits oder der Spareinlage) abhängt. Aus rein mathematischer Sicht ist also in jedem festen Zeitpunkt $t = t_0$ $\mathbf{r}(T) = \mathbf{r}(t_0, T)$ (und daher ebenso $\hat{\mathbf{r}} = \log(1 + \mathbf{r})$) eine Funktion der Laufzeit T: Diese Funktion bezeichnet man als Zinskurve (zum Zeitpunkt t_0); siehe auch Abb. 2.2.

In der theoretischen Finanzmathematik und Ökonomie nimmt man an, dass diese Funktion reell und stetig differenzierbar ist.

In der Realität ist die Funktion $\mathbf{r}$ nur an wenigen Stützstellen bekannt: An jedem (Bankarbeits-)Tag sind Zinssätze für „marktübliche" Laufzeiten (1 Tag, 1 Woche, 2 Wochen, 1 Monat, 6 Monate, 1 Jahr, 2 Jahre etc.) bekannt; für Zeitpunkte zwischen diesen Stützstellen wird interpoliert, in der Regel einfach linear; d. h.: Seien die Werte $\mathbf{r}(t_a)$ und $\mathbf{r}(t_b)$ der Zinskurve an den Stützstellen t_a und t_b bekannt, dann wird der Wert $\mathbf{r}(t)$ für $t_a < t < t_b$ bestimmt durch

$$\mathbf{r}(t) = \mathbf{r}(t_a) + \frac{\mathbf{r}(t_b) - \mathbf{r}(t_a)}{t_b - t_a} (t - t_a).$$

Das heißt: In der Praxis ist die Zinskurve

- eine stückweise lineare Funktion,

2.6 Zinsen, Zinskurve und Forwardzinsen

- die durch eine Liste $(t_i, \mathbf{r}(t_i))_{i=1}^n$ von bekannten Funktionswerten für die „marktüblichen" Laufzeiten t_i festgelegt ist.

Man darf sich das aber nicht so vorstellen, dass die Werte auf der Zinskurve durch irgendeine „höhere Instanz" direkt festgelegt werden: Diese Werte ergeben sich (wie immer!) durch den „normalen Preisbildungsprozess" von Angebot und Nachfrage für Finanzinstrumente, deren Barwerte „theoretisch" von der Zinskurve abhängen (zum Beispiel Anleihen oder Swaps), auf dem Finanzmarkt, und zwar

- für Laufzeiten unter einem Jahr im Wesentlichen durch den Interbankenhandel (darunter versteht man die kurzfristigen Kredite, die die Banken untereinander vergeben); dabei spielen die Zentralbanken (in Europa die Europäische Zentralbank) eine wichtige Rolle,
- und für Laufzeiten über einem Jahr implizit durch die Marktwerte von gehandelten zinsgebundenen Finanzinstrumenten (wie Anleihen oder Swaps).

Die „lehrbuchmäßige" Ableitung des Marktwerts einer festverzinslichen Anleihe aus einer gegebenen Zinskurve kehrt also den realen Zusammenhang genau um: Die Zinskurve wird aus Marktwerten (u. a. von festverzinslichen Anleihen) bestimmt, nicht umgekehrt.

Vorausgesetzt ist dabei natürlich, dass Informationen zu Angebot und Nachfrage nicht durch die Zinshändler*innen der Banken verfälscht werden: Diese Voraussetzung ist nicht immer erfüllt, siehe den 2012 aufgeflogenen LIBOR-Skandal (LIBOR ist die Abkürzung für London Interbank Offered Rate).

Bemerkung 2.6.1 (Mehrere Zinskurven) Abgesehen von der Tatsache, dass jede Währung (z. B. € oder $) ihre eigene Zinskurve hat, gibt es auch innerhalb derselben Währung verschiedene Zinskurven: Es gibt nämlich nicht nur Staatsanleihen, die als risikolos[17] angesehen werden, sondern auch Anleihen von Unternehmen unterschiedlicher Bonität (d. h. mit unterschiedlich eingeschätztem Risiko, dass die vertraglich vereinbarten Rückzahlungen ganz oder teilweise ausbleiben): Diese Bonität wird üblicherweise von Ratingagenturen (wie Fitch, Moody's oder Standard & Poor's) in einer Ratingskala (deren Stufen mit Buchstabenkombinationen wie „$Aaa+$" oder „$BBB-$" bezeichnet werden, die von Agentur zu Agentur verschieden sind) geschätzt, und aus den beobachteten Marktpreisen für Unternehmensanleihen derselben Ratingstufe wird dann eine Zinskurve für diese Ratingstufe konstruiert.

2.6.3 Forward Rate Agreement und Forward Curve

Wir können nun einen weiteren wichtigen Spezialfall eines Termingeschäfts erklären:

---

[17] Auch die Risikolosigkeit von Staatsanleihen ist eine nicht 100%ig realistische Annahme, siehe z. B. den argentinischen Staatsbankrott 2001.

Definition 2.6.4 (Forward Rate Agreement) Ein Forward Rate Agreement (FRA) ist ein Zinstermingeschäft zwischen zwei Partner*innen, das eine*n der beiden (Verkäufer*in) dazu verpflichtet, dem*der anderen (Käufer*in) zu einem in der Zukunft liegenden Termin T

- einen Geldbetrag N auf Laufzeit L zu borgen;
- und zwar zu einem fix vereinbarten Zinssatz $\hat{r}_f$ (der Einfachheit halber als kontinuierlicher Zinssatz geschrieben).

Die Käufer*in hingegen ist verpflichtet, zum Termin T

- den Geldbetrag N auf Laufzeit L zu leihen
- und nach Ablauf der Laufzeit L samt Zinsen zurückzuzahlen.

Aus Sicht des*der Verkäufer*in beinhaltet das Geschäft also genau zwei Zahlungen:

- Zeit T: Auszahlung Betrag N (Ausleihung an den*die Käufer*in),
- Zeit $T + L$: Vereinnahmung $N \cdot e^{L \cdot \hat{r}_f}$ (Rückzahlung des*der Käufer*in).

Damit ist aber bereits das replizierende Portfolio gegeben, und der (theoretische) Barwert auf Basis der Zinskurve $\hat{r}$ ist

$$N \cdot \left(e^{L \cdot \hat{r}_F} e^{-(T+L) \cdot \hat{r}(T+L)} - e^{-T \cdot \hat{r}(T)} \right) = N \cdot \left(e^{L \cdot \hat{r}_F - (T+L) \cdot \hat{r}(T+L)} - e^{-T \cdot \hat{r}(T)} \right).$$

Damit dieser Barwert null ergibt, muss

$$L \cdot \hat{r}_F - (T + L) \cdot \hat{r}(T + L) = -T \cdot \hat{r}(T)$$

gelten (denn die reelle Exponentialfunktion ist injektiv), also

$$\hat{r}_F = \frac{(T + L) \cdot \hat{r}(T + L) - T \cdot \hat{r}(T)}{L}. \tag{2.5}$$

Definition 2.6.5 (Forward Rate und Forward Curve) Der Wert gemäß (2.5) wird als die Forward Rate (von T auf $T + L$) bezeichnet: Die Forward Rate wird als die „beste Schätzung" des (aktuell ungewissen) Zinssatzes angesehen, der zum zukünftigen Zeitpunkt T für Laufzeit L gelten wird.

Für feste Laufzeit L kann man die Forward Rate als eine Funktion in T auffassen: Der englischen Sprechweise folgend (die Funktionen häufig als Kurven bezeichnet) nennt man diese Funktion die Forward Curve (für feste Laufzeit L).

2.7 Binomialmodell zur Optionsbewertung

Definition 2.7.1 (Optionen) Eine Option ist ein Vertrag zwischen zwei Partner*innen, ähnlich wie ein Termingeschäft: Während aber bei einem Termingeschäft beide Vertragspartner*innen gleichermaßen Rechte und Pflichten haben und demselben Kursrisiko ausgesetzt sind, ist das Risiko bei Optionen asymmetrisch verteilt: Der*die Käufer*in der Option erwirbt eine Art „Versicherung", die ihn*sie zu nichts weiter verpflichtet als zur Bezahlung der Prämie (das ist einfach der Preis für die Option); während der*die Verkäufer*in (auch Stillhalter*in genannt; statt verkaufen sagt man in diesem Zusammenhang auch „schreiben", eine verkaufte Option ist also eine geschriebene Option) ein (möglicherweise unbegrenztes) Verlustrisiko trägt.

Die branchenüblichen Sprechweisen sind: Wenn der*die Käufer*in einer Option das ihm*ihr damit zustehende Recht in Anspruch nimmt, dann übt er*sie die Option aus; andernfalls verfällt die Option wertlos.

Das einfachste Beispiel für eine Option ist die Europäische Call- oder Putoption:

Beispiel 2.7.1 (European Calls/Puts) Bei einer europäischen Calloption (kurz: Call) erwirbt der*die Käufer*in das Recht (nicht aber die Pflicht!), zu einem festen Zeitpunkt T (Fälligkeit oder Expiry) in der Zukunft eine vereinbarte Menge eines Underlyings (Aktien, Rohstoffe, Bonds, Indices etc.) zu einem festgesetzten Strikepreis zu kaufen: Dieses Recht wird klarerweise nur dann ausgeübt werden, wenn der tatsächliche Preis des Underlyings bei Fälligkeit größer ist als der Strikepreis; die Payofffunktion (Auszahlungsfunktion oder einfach Payoff) in Abhängigkeit vom tatsächlichen Preis am Fälligkeitstag ist also gegeben durch

$$\text{Call Payoff} = \max(0, \text{Preis bei Fülligkeit} - \text{Strikepreis}).$$

Bei einer europäischen Putoption (kurz: Put) erwirbt der*die Käufer*in das Recht (nicht aber die Pflicht!), zu einem festen Zeitpunkt T in der Zukunft ein Underlying (Aktien, Rohstoffe, Bonds, Indices etc.) zu einem festgesetzten Strikepreis zu verkaufen: Dieses Recht wird klarerweise nur dann ausgeübt werden, wenn der tatsächliche Preis des Underlyings bei Fälligkeit kleiner ist als der Strikepreis; die Auszahlungsfunktion) in Abhängigkeit vom tatsächlichen Preis am Fälligkeitstag ist also gegeben durch

$$\text{Put Payoff} \max (0, \text{Strikepreis} - \text{Preis bei Fülligkeit}).$$

Als konkretes Beispiel: Ein*e Landwirt*in, der*die für seine Ernte unbedingt einen Mindestpreis erzielen muss (z. B. um einen Kredit für einen Traktor zurückzahlen zu können), könnte also eine Putoption kaufen, die ihm*ihr diesen Mindestpreis garantiert.

Die Bestimmung des theoretischen Marktpreises von Optionen ist ein bisschen komplizierter als bei Termingeschäften, die Bestimmung des theoretischen Marktpreises erfolgt aber wie immer: durch Angebot und Nachfrage.

2.7.1 Einstufiges Binomialmodell für Derivate

Den Begriff „Option" können wir etwas verallgemeinern:

Definition 2.7.2 (Derivat) Ein Finanzinstrument f, dessen Payoff von einem anderen Finanzinstrument u abhängt (und das in diesem Zusammenhang als Underlying von f bezeichnet wird), nennt man ein Derivat (auf das Underlying u).

Beispiel 2.7.2 Eine europäische Calloption c auf eine Aktie a ist also ein Derivat mit Underlying a, und ein Dollardevisentermingeschäft eines*einer EURO-Investor*in ist ein Derivat mit Underlying \$ (US\$).

Um den Bewertungsansatz für die Bewertung von Derivaten zu verstehen, betrachten wir zunächst eine sehr einfache (unrealistische) Modellsituation für ein Derivat f auf ein Underlying s.

Sei S_0 der aktuelle Preis von s. Wir nehmen an, dass dieser Preis in einem gegebenen Zeitschritt T

- entweder um einen Faktor $u > 1$ auf $S_T = S_0 \cdot u$ steigen kann
- oder um einen Faktor $d < 1$ auf $S_T = S_0 \cdot d$ sinken kann.

Der Payoff (nach Zeitschritt T) von f hängt von S_T ab; er sei

- f_u falls $S_T = S_0 \cdot u$
- oder f_d falls $S_T = S_0 \cdot d$.

Die Grundidee der „theoretischen Derivatbewertung" besteht in der Zusammenstellung eines risikofreien Portfolios, bestehend aus

- einem verkauften Derivat f
- und einer gekauften Quantität Δ des Underlyings s.

Risikofrei soll hier bedeuten, dass der Gesamtwert des Portfolios nach Zeitschritt T unabhängig ist vom „Zustand" von S_T; in unserem einfachen Modell (nur zwei mögliche Zustände) soll also gelten:

$$\Delta S_0 u - f_u = \Delta S_0 d - f_d. \tag{2.6}$$

Daraus ergibt sich sofort:

$$\Delta = \frac{f_u - f_d}{S_0 (u - d)}.$$

2.7 Binomialmodell zur Optionsbewertung

Sei $\hat{r}$ der (risikofreie) Zinssatz für Laufzeit T, dann ergibt sich der Barwert dieses (risikofreien) Portfolios durch einfache Rechnung als

$$e^{-\hat{r}\cdot T} \cdot \frac{d \cdot f_u - u \cdot f_d}{(u-d)}. \tag{2.7}$$

Und nun kommt das No-Arbitrage-Prinzip ins Spiel: Wenn wir den aktuellen Preis des Derivats f mit f_0 bezeichnen, dann ist der aktuelle Wert dieses Portfolios einfach

$$\Delta S_0 - f_0,$$

und das muss dasselbe sein wie der Barwert in (2.7) – denn sonst gäbe es eine (theoretische) Arbitragemöglichkeit; nach genau demselben Muster wie im Beispiel 2.5.1 (Devisentermingeschäft)!

Also ergibt sich in Verbindung mit (2.6) die Gleichung

$$e^{-\hat{r}\cdot T} \cdot \frac{d \cdot f_u - u \cdot f_d}{(u-d)} = \Delta S_0 - f_0 = \frac{f_u - f_d}{u-d} - f_0,$$

daher muss für den „richtigen" Preis f_0 des Derivats gelten:

$$f_0 = \frac{\left(1 - d \cdot e^{-\hat{r}T}\right) f_u - \left(1 - u \cdot e^{-\hat{r}T}\right) f_d}{u-d}.$$

Bemerkung 2.7.1 (Deltahedging) Die Konstruktion des risikofreien Portfolios bedeutet, dass das mit dem Derivat f verbundene Risiko (also die Unsicherheit betreffend den Payoff aus f) durch ein Hedgegeschäft (Kauf von Quantität Δ des Underlyings s) eliminiert wird: Im Zusammenhang der hier dargestellten No-Arbitrage-Argumentation zur Bestimmung des „richtigen" Preises für das Derivat nennt man diese Elimination des Risikos Deltahedging (siehe auch Definition 2.5.2).

Wie schon bei den vorangegangenen „theoretischen Bewertungen" wird hier implizit angenommen, dass dieses Deltahedging reibungslos und kostenfrei möglich ist: Diese Annahme ist in der Realität kaum erfüllt!

2.7.1.1 Wo sind die Wahrscheinlichkeiten?

Was an dieser „Herleitung des richtigen Preises" sofort auffällt: Es war an keiner Stelle von den Wahrscheinlichkeiten die Rede, mit denen die beiden Zustände ($S_T = S_0 \cdot u$ oder $S_T = S_0 \cdot d$) angenommen werden! Wenn wir

$$p := \frac{e^{\hat{r}T} - d}{u - d} \tag{2.8}$$

definieren, dann ist

$$1 - p = \frac{u - e^{\hat{r}T}}{u - d} = -\frac{e^{\hat{r}T} - u}{u - d},$$

und wir können f_0 auch so schreiben:

$$f_0 = e^{-\hat{r}T} \left(p \cdot f_u + (1-p) f_d \right).$$

Eine einfache Rechnung ergibt weiters:

$$p \cdot (S_0 \cdot u) + (1-p)(S_0 \cdot d) = e^{\hat{r}T} \cdot S_0.$$

Das heißt: Wenn wir p und $(1-p)$ als Wahrscheinlichkeiten für Kursanstieg bzw. -abfall interpretieren[18], dann ist

- der Wert f_0 des Derivats der abgezinste Erwartungswert der Auszahlungen,
- und der Erwartungswert des Preises von s zur Zeit T entspricht einfach der risikolosen Aufzinsung.

In diesem stark vereinfachten Modell sehen wir also: Wenn das No-Arbitrage-Prinzip gilt, dann ergibt sich ein eindeutiges Wahrscheinlichkeitsmaß (da wir hier nur zwei mögliche Ereignisse haben, also eine eindeutige Wahrscheinlichkeit p und eine Gegenwahrscheinlichkeit $1 - p$): In der Sprache der theoretischen Finanzmathematik und Ökonomie haben wir das risikoneutrale Wahrscheinlichkeitsmaß für unser einfaches Modell konstruiert.

2.7.2 Mehrstufiges Binomialmodell

Klarerweise ist das eben betrachtete einstufige Binomialmodell sehr unrealistisch: Wir können es verfeinern, indem wir die Zeitspanne T in n gleich lange Intervalle der Länge $\frac{T}{n}$ unterteilen und annehmen, dass Kurse S_t nur zu den $(n+1)$ diskreten Zeitpunkten

$$0, \frac{T}{n}, 2 \cdot \frac{T}{n}, \ldots, (n-1) \cdot \frac{T}{n}, T$$

gebildet werden, und zwar so, dass für $i = 0, 1, \ldots, n-1$ der Quotient

$$\frac{S_{(i+1) \cdot \frac{T}{n}}}{S_{i \cdot \frac{T}{n}}}$$

- entweder gleich $u = e^{\sigma \sqrt{T/n}}$
- oder gleich $d = e^{-\sigma \sqrt{T/n}}$

---

[18] Dafür muss natürlich $0 \leq p \leq 1$ gelten.

ist, für ein $\sigma > 0$.

Genau so wie im einstufigen Binomialmodell ergeben sich aus dem No-Arbitrage-Prinzip eindeutige Wahrscheinlichkeiten, mit denen der (theoretische) Barwert eines beliebigen Derivats als abgezinster Erwartungswert der Auszahlungen erscheint: Wenn wir den Aufzinsungsfaktor „linearisieren"[19] und die Faktoren u und d bis zur Ordnung 2 entwickeln …

$$e^{\hat{r} \cdot T/n} \sim 1 + \hat{r} \cdot T/n,$$
$$d = e^{-\sigma\sqrt{T/n}} \sim 1 - \sigma\sqrt{T/n} + \sigma^2 \frac{T}{2n},$$
$$u = e^{\sigma\sqrt{T/n}} \sim 1 + \sigma\sqrt{T/n} + \sigma^2 \frac{T}{2n}.$$

… dann gilt für die in Gl. (2.8) gegebene Wahrscheinlichkeit

$$\begin{aligned} p &\sim \frac{1 + \hat{r} \cdot T/n - d}{u - d} \sim \frac{\sigma\sqrt{T/n} - \sigma^2 \frac{T}{2n} + \hat{r} \cdot T/n}{2\sigma\sqrt{T/n}} \\ &= \frac{1}{2} + \frac{\hat{r}\sqrt{T/n}}{2\sigma} - \frac{\sigma\sqrt{T/n}}{4} \\ &= \frac{1}{2}\left(1 + \frac{\hat{r} - \sigma^2/2}{\sigma}\sqrt{T/n}\right); \end{aligned} \quad (2.9)$$

und die Gegenwahrscheinlichkeit ist dann

$$(1 - p) \sim \frac{1}{2}\left(1 - \frac{\hat{r} - \sigma^2/2}{\sigma}\sqrt{T/n}\right).$$

Bemerkung 2.7.2 Rein mathematisch war die hier skizzierte Ableitung eines mehrstufigen Binomialmodells völlig unproblematisch. Der „Beweis", dass damit aufgrund des No-Arbitrage-Prinzips die „richtigen Wahrscheinlichkeiten" gefunden wurden (einmal abgesehen von der Wahl der „richtigen" Konstante σ), würde aber in dieser Situation darauf beruhen, dass das Deltahedging (siehe Bemerkung 2.7.1) in jedem der n Zeitschritte adaptiert wird: In der Realität ist das für großes n unmöglich.

2.8 Geometrische Brownsche Bewegung und die Black-Merton-Scholes-Formel

Das (mehrstufige) Binomialmodell wird in der Praxis tatsächlich zur Bestimmung der (theoretischen) Marktpreise von Optionen verwendet.

---

[19] Also eine Taylor-Entwicklung bis zur Ordnung 1 durchführen.

Für die (theoretische) Bewertung von europäischen Call- oder Putoptionen hat sich am Finanzmarkt aber eine analytische Formel etabliert, die erstmals von den Ökonomen Black, Merton und Scholes [Mer74; BS73] veröffentlicht wurde. Wir wollen die mathematische Herleitung dieser Black-Merton-Scholes-Formel hier kurz skizzieren und rufen uns dazu Begriffe und Sätze aus der Wahrscheinlichkeitstheorie in Erinnerung.

Definition 2.8.1 (Stochastischer Prozess) Gegeben sei

- ein Wahrscheinlichkeitsraum $(\Omega, \mathcal{A}, \Pi)$ (mit der üblichen Bedeutung: Ω ist die Basismenge der möglichen Elementarereignisse, $\mathcal{A}$ ist die Sigmaalgebra der messbaren Ereignisse, und Π ist das Wahrscheinlichkeitsmaß auf $\mathcal{A}$)
- und eine Teilmenge $T \subseteq \mathbb{R}$, die wir als Zeit deuten.

Eine Abbildung $X : \Omega \times T \to \mathbb{R}^n$ heißt ein stochastischer Prozess. (Für festes t_0 ist $X_{t_0}(\omega) := X(\omega, t_0)$ also eine (n-dimensionale) Zufallsvariable.)

Wenn T ein Intervall in $\mathbb{R}$ ist, dann nennt man den stochastischen Prozess zeitstetig; wenn T eine endliche oder abzählbare Teilmenge von $\mathbb{R}$ ist, dann nennt man den stochastischen Prozess zeitdiskret.

Beispiel 2.8.1 Sei $T = \{0, 1, \ldots, m\}$. Sei

- $\Omega = \{-1, +1\}^m$ (also die Menge aller Vektoren der Länge m mit Einträgen -1 oder $+1$)
- mit Sigmaalgebra $\mathcal{A}$ gleich der Potenzmenge von Ω
- und Wahrscheinlichkeitsmaß $\Pi(E) := 2^{-m} \#(E)$ für alle $E \in \mathcal{A}$ (Gleichwahrscheinlichkeit).

Sei $X(e, t)$ definiert durch $X(e, t) := \sum_{i=1}^{t} e_i$.

Der so definierte (eindimensionale) stochastische Prozess ist zeitdiskret und wird als (symmetrischer) Random Walk bezeichnet; siehe auch Abb. 2.3.

Definition 2.8.2 (Logarithmische Normalverteilung) Eine Zufallsvariable X heißt logarithmisch normalverteilt mit Parametern μ und σ, wenn die Zufallsvariable $\log(X)$ normalverteilt ist mit Mittelwert μ und Standardabweichung σ.

Mit der üblichen Notation $\mathbf{N}(\mu, \sigma)$ für die Normalverteilung mit Mittelwert μ und Standardabweichung σ schreiben wir das so:

$$\log(X) \sim \mathbf{N}(\mu, \sigma).$$

2.8 Geometrische Brownsche Bewegung und die Black-Merton-Scholes-Formel

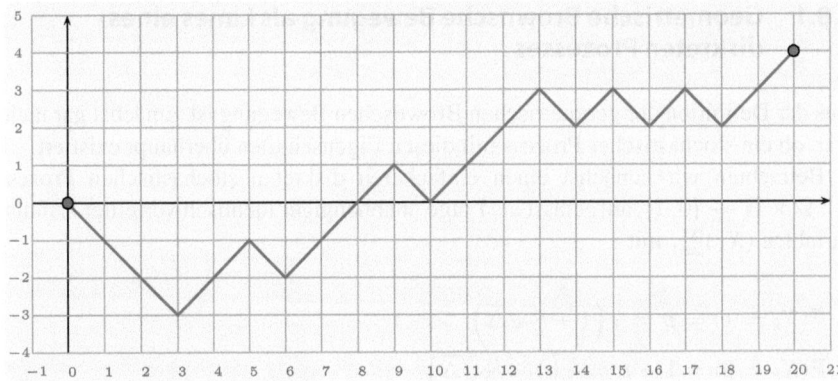

Abb. 2.3 Illustration: Random Walk

Bemerkung 2.8.1 (Logarithmische Normalverteilung) Die Dichte einer logarithmisch normalverteilten Zufallsvariable X mit Parametern μ und σ ist durch

$$\frac{1}{\sqrt{2\pi}\sigma z} e^{-\frac{(\log(z)-\mu)^2}{2\sigma^2}} \tag{2.10}$$

gegeben, und der Erwartungswert von X hängt von beiden Parametern μ und σ ab:

$$E(X) = e^{\mu + \frac{\sigma^2}{2}}. \tag{2.11}$$

Definition 2.8.3 (Geometrische Brownsche Bewegung) Ein zeitstetiger stochastischer Prozess $S(t)$ heißt geometrische Brownsche Bewegung (englisch: „geometric Brownian motion"; kurz GBM) mit Drift μ und Volatilität σ, wenn für alle z und alle $t \geq 0$ die Zufallsvariable

$$\frac{S(z+t)}{S(z)}$$

- unabhängig von den realisierten Zufallsvariablen $S(\tau)$ für $\tau \leq z$
- und logarithmisch normalverteilt mit Parametern $t \cdot \mu$ und Varianz $t \cdot \sigma^2$

ist. Definitionsgemäß gilt also für alle z und alle $t \geq 0$:

$$\log\left(\frac{S(z+t)}{S(z)}\right) = \log(S(z+t)) - \log(S(z)) \sim \mathbf{N}\left(t \cdot \mu, \sigma \cdot \sqrt{t}\right).$$

2.8.1 Geometrische Brownsche Bewegung als Limes eines diskreten Prozesses

Aus der Definition der geometrischen Brownschen Bewegung ist zunächst gar nicht klar, ob ein stochastischer Prozess mit diesen Eigenschaften überhaupt existiert.

Betrachten wir zunächst einen einfacheren diskreten stochastischen Prozess $X : \Omega \times \mathbb{N} \to \{0, 1\}$, aufgefasst als Folge unabhängiger identisch verteilter Zufallsvariablen $(X_k)_{k=1}^{\infty}$ mit

- $\mathbb{P}(X_k = 1) = p = \frac{1}{2}\left(1 + \frac{\mu}{\sigma}\sqrt{\Delta}\right)$
- $\mathbb{P}(X_k = 0) = 1 - p = \frac{1}{2}\left(1 - \frac{\mu}{\sigma}\sqrt{\Delta}\right)$

für alle $k \in \mathbb{N}$ (also einen asymmetrischen Random Walk). Dabei ist $\Delta \in \left(0, \frac{\sigma^2}{\mu^2}\right)$ eine feste reelle Zahl, und diese Wahrscheinlichkeiten sind genau die aus (2.9), mit den Substitutionen

- $\mu = \hat{r} - \sigma^2/2$
- und $\Delta = T/n$.

Nun konstruieren wir aus diesem Random Walk X den (zeitdiskreten) stochastischen Prozess, der einem Preis $S(t)$ (kurz: Preisprozess) entspricht, in folgendem Sinn:

- Δ deuten wir als (kleinen) Zeitschritt, mit der Interpretation: Preise $S(t)$ werden nur zu den diskreten Zeitpunkten

$$t = 0 \cdot \Delta, 1 \cdot \Delta, 2 \cdot \Delta \ldots$$

 gebildet,
- und die relative Änderung im Zeitschritt Δ ist

$$\frac{S(n\Delta)}{S((n-1)\Delta)} = \begin{cases} u := e^{\sigma\sqrt{\Delta}} & : X_n = 1, \\ d := e^{-\sigma\sqrt{\Delta}} & : X_n = 0. \end{cases}$$

Den Preis $S(t)$ zum Zeitpunkt $t = n\Delta$ können wir daher schreiben als

$$S(n\Delta) = S(0) \cdot u^{\sum_{i=1}^{n} X_i} \cdot d^{n - \sum_{i=1}^{n} X_i} = d^n \cdot S(0) \cdot \left(\frac{u}{d}\right)^{\sum_{i=1}^{n} X_i}.$$

2.8 Geometrische Brownsche Bewegung und die Black-Merton-Scholes-Formel

Wenn wir $n = \frac{t}{\Delta}$ schreiben und logarithmieren, erhalten wir

$$\log\left(\frac{S(t)}{S(0)}\right) = \frac{t}{\Delta} \log(d) + \log\left(\frac{u}{d}\right) \sum_{i=1}^{t/\Delta} X_i$$

$$= \frac{-t\sigma}{\sqrt{\Delta}} + 2\sigma\sqrt{\Delta} \sum_{i=1}^{t/\Delta} X_i$$

nach Definition von $u = e^{\sigma\sqrt{\Delta}}$ bzw. $d = e^{-\sigma\sqrt{\Delta}}$.

$Y = \sum_{i=1}^{t/\Delta} X_i$ ist offensichtlich eine binomialverteilte Zufallsvariable (mit Parametern $n = \frac{t}{\Delta}$ und $p = \frac{1}{2}\left(1 + \frac{\mu}{\sigma}\sqrt{\Delta}\right)$). Es gilt:

$$E\left(\log \frac{S(t)}{S(0)}\right) = \frac{-t\sigma}{\sqrt{\Delta}} + 2\sigma\sqrt{\Delta}\, E(Y)$$

$$= \frac{-t\sigma}{\sqrt{\Delta}} + 2\sigma\sqrt{\Delta}\, \frac{t}{\Delta} p$$

$$= \frac{-t\sigma}{\sqrt{\Delta}} + \frac{t\sigma}{\sqrt{\Delta}} \left(1 + \frac{\mu}{\sigma}\sqrt{\Delta}\right) = \mu t$$

und

$$\mathbf{var}\left(\log \frac{S(t)}{S(0)}\right) = 4\sigma^2 \Delta \cdot \mathbf{var}(Y)$$

$$= 4\sigma^2 \Delta \left(\frac{t}{\Delta} p(1-p)\right)$$

$$= 4\sigma^2 t\, p(1-p). \tag{2.12}$$

Nun verwenden wir den zentralen Grenzwertsatz, siehe [FF99, Theorem 2.1]:

Satz 2.8.1 (Lindeberg-Lévy) Es sei $(X_n)_{n=1}^\infty$ eine Folge von unabhängigen identisch verteilten quadratisch integrierbaren Zufallsvariablen. Wir verwenden die Notation

$$\mu = E(X_1),\ \sigma^2 = \mathbf{var}(X_1);$$

$$S_n = X_1 + \cdots + X_n,\ \overline{X}_n = \frac{S_n}{n},\ Y_n = \frac{S_n - n\mu}{\sigma\sqrt{n}} = \frac{\overline{X}_n - \mu}{\sigma/\sqrt{n}}.$$

Dann konvergiert die Folge $(Y_n)_{n=1}^\infty$ in Verteilung gegen eine $\mathbf{N}(0,1)$-verteilte Zufallsvariable, d.h., es gilt für alle $x \in \mathbb{R}$:

$$\lim_{n \to \infty} \mathbb{P}(Y_n \leq x) = \frac{1}{\sqrt{2\pi}} \int_{-\infty}^x e^{-\frac{u^2}{2}} u.$$

In unserem Zusammenhang bedeutet das: Wenn wir den Zeitschritt Δ in unserer Konstruktion immer kleiner wählen (bzw. $n = \frac{t}{\Delta}$ immer größer; für t fest), dann nähert sich

- $\log \frac{S(t+y)}{S(y)}$ einer normalverteilten Zufallsvariable
- mit Mittelwert μt
- und Varianz $\sigma^2 t$ (denn $p(1-p) \to \frac{1}{4}$ für $\Delta \to 0$, siehe (2.12)).

Für $\Delta \to 0$ wird aus S also eine geometrische Brownsche Bewegung.

Bemerkung 2.8.1 Vom rein mathematischen Standpunkt kann man die geometrische Brownsche Bewegung eleganter (und rigoroser) einführen: Aber für unsere Zwecke ist die eben durchgeführte „heuristische Ableitung aus einem Random Walk" sehr passend, weil Brownsche Bewegungen in der finanzwirtschaftlichen Realität (in der es keine stetige Zeit gibt!) ohnehin nur in der diskretisierten Form von Random Walks vorkommen. Insbesondere spielen solche Diskretisierungen eine große Rolle bei der numerischen Ermittlung von (theoretischen) Optionspreisen.

2.8.1.1 Das Lemma von Itô & die Black-Merton-Scholes-Differenzialgleichung

Die theoretischen Überlegungen zu Optionsbewertungen in der modernen Finanzmathematik (siehe [Hul00, Abschn. 11.5]) werden gut verständlich, wenn man die GBM S durch eine stochastische Differenzialgleichung beschreibt:

$$dS = \mu S dt + \sigma S dz.$$

Das „Stochastische" an dieser Differenzialgleichung ist der Wiener-Prozess z: dz ist eine normalverteilte Zufallsvariable mit Mittelwert 0 und Standardabweichung $\sqrt{dt}$.

Sei f ein beliebiges Derivat auf ein Underlying mit Preisprozess S, dessen Wert wir als Funktion $f(S, t)$ in S und t ausdrücken können.

Definition 2.8.1 (Itô-Prozess) Sei z ein Wiener-Prozess; seien $a(s, t)$ und $b(s, t)$ zwei Funktionen. Ein stochastischer Prozess x, der der Gleichung

$$dx = a(x, t) dt + b(x, t) dz \qquad (2.13)$$

genügt, heißt Itô-Prozess.

Lemma 2.8.1 (Itô-Lemma) Sei x ein Itô-Prozess: Eine beliebige Funktion $G(x, t)$ genügt dann der Gleichung

$$dG = \left(\frac{\partial G}{\partial x} a + \frac{\partial G}{\partial t} + \frac{\partial^2 G}{\partial x^2} \frac{b^2}{2} \right) dt + \frac{\partial G}{\partial x} b \, dz.$$

Dabei ist dz derselbe Wiener-Prozess wie in der Gl. (2.13) für dx.

Insbesondere ist G selbst auch ein Itô-Prozess. □

2.8 Geometrische Brownsche Bewegung und die Black-Merton-Scholes-Formel

Für den Preis $f(S, t)$ des Derivats erhalten wir also aus dem Itô-Lemma eine stochastische Differenzialgleichung, die wir mit der Gleichung für S in ein System zusammenfassen können:

$$\mathbf{d}f = \left(\frac{\partial f}{\partial S}\mu S + \frac{\partial f}{\partial t} + \frac{\partial^2 f}{\partial S^2}\frac{\sigma^2}{2}S^2\right)\mathbf{d}t + \frac{\partial f}{\partial S}\sigma S \mathbf{d}z, \qquad (2.14)$$

$$\mathbf{d}S = \mu S \mathbf{d}t + \sigma S \mathbf{d}z. \qquad (2.15)$$

Nun betrachten wir ein stetig adaptiertes Portfolio, bestehend

- aus einer verkauften Einheit des Derivats
- und in jedem Zeitpunkt t aus einer Position von $\frac{\partial f}{\partial S}$ Einheiten des Underlyings S.

Für den Preisprozess $\mathcal{P}(S, t)$ dieses Portfolios gilt also

$$\mathcal{P}(S, t) = -f(S, t) + \frac{\partial f}{\partial S} \cdot S(t). \qquad (2.16)$$

Da der Wiener-Prozess in den Gl. (2.14) und (2.15) derselbe ist, kürzt er sich in $\mathbf{d}\mathcal{P}$ heraus, und es gilt

$$\mathbf{d}\mathcal{P} = -\left(\frac{\partial f}{\partial t} + \frac{\partial^2 f}{\partial S^2}\frac{\sigma^2}{2}S^2\right)\mathbf{d}t. \qquad (2.17)$$

Das ist nun eine normale (nicht stochastische!) partielle Differenzialgleichung, denn der Wiener-Prozess (und ebenso der Driftterm μ) kommt hier nicht mehr vor, in diesem Sinn ist das Portfolio risikolos, und gemäß dem No-Arbitrage-Prinzip muss sich sein Preis so entwickeln wie eine risikolose Veranlagung:

$$\mathbf{d}\mathcal{P} = \hat{\mathbf{r}} \cdot \mathcal{P} \cdot \mathbf{d}t. \qquad (2.18)$$

Wir übertragen hier also die Argumentation aus dem einstufigen Binomialmodell, indem wir annehmen, dass

- das Deltahedging (siehe Bemerkung 2.7.2) auch in stetiger Zeit möglich ist
- und das No-Arbitrage-Prinzip auch „infinitesimal" (in beliebig kleinen Zeitschritten) gültig ist.

Wenn wir nun Gl. (2.16), (2.17) und (2.18) kombinieren, dann erhalten wir die Black-Merton-Scholes-Differenzialgleichung:

$$\frac{\partial f}{\partial t} + \hat{\mathbf{r}} S \frac{\partial f}{\partial S} + \frac{\sigma^2}{2} S^2 \frac{\partial^2 f}{\partial S^2} = \hat{\mathbf{r}} f,$$

die (in unserer Modellsituation, unter Annahme des No-Arbitrage-Prinzips) für ein beliebiges Derivat f gilt. Die konkrete Lösung dieser Differenzialgleichung hängt von den Randbedingungen für f ab: Für eine europäische Call- bzw. Putoption mit Strikepreis X und Laufzeit T ist diese Randbedingung der Wert der Option zum Zeitpunkt T, also

$$f(T) = S(T) - X_+ \text{ bzw. } f(T) = X - S(T)_+.$$

2.8.2 Die Black-Merton-Scholes-Formel (theoretisch)

Aus den vorangegangenen Überlegungen ergibt sich nun die Black-Merton-Scholes-Formel für europäische Optionen: Sei z der (unbekannte und zufällige) Preis zum Fälligkeitsdatum T, und sei S der aktuelle (bekannte) Preis des Underlyings. Damit unser Überlegungen zu einer „theoretisch konsistenten" Optionsbewertung führen, brauchen wir vier starke Annahmen:

2.8.2.1 Annahme I
Wir nehmen an, dass die (risikolose) Zinskurve (zumindest bis zum Fälligkeitsdatum T) konstant ist:

$$\hat{\mathbf{r}}(t) \equiv \hat{\mathbf{r}} \text{ konstant für } 0 \leq t \leq T.$$

2.8.2.2 Annahme II
Wir nehmen an, dass der Preisprozess des Underlyings eine GBM mit Parametern μ und σ ist. Daraus ergibt sich, dass die Zufallsvariable z logarithmisch normalverteilt ist mit Parametern $\log S + \mu T$ und $\sigma \sqrt{T}$; ihre Dichte ist also

$$\mathbf{f}(z) = \frac{e^{-\frac{(-\mu T - \log(S) + \log(z))^2}{2\sigma^2 T}}}{\sqrt{2\pi}\sigma\sqrt{T}z}.$$

Bemerkung 2.8.2 Hier drängt sich die Frage auf, ob eine GBM eigentlich ein passendes Modell für Preisprozesse ist: Eine Google-Abfrage zu den Stichworten „normality assumption finance" macht sehr schnell klar, dass diese Frage keineswegs klar zu bejahen ist.

2.8.2.3 Annahme III
Wir nehmen weiters an, dass auch infinitesimal

- Deltahedging möglich (und mit keinerlei Kosten verbunden)
- und das No-Arbitrage-Prinzip gültig

ist, und dass daher der Preis eines Derivats auf das Underlying gleich ist dem (risikolos) abgezinsten Erwartungswert der Auszahlung des Derivats.

2.8 Geometrische Brownsche Bewegung und die Black-Merton-Scholes-Formel

Für die theoretischen Werte europäischer Call- bzw. Putoptionen bedeutet das

$$\mathbf{pv}(\text{Call}) = e^{-\hat{r}\cdot T} \int_X^\infty (z-X)\mathbf{f}(z)\,dz,$$

$$\mathbf{pv}(\text{Put}) = e^{-\hat{r}\cdot T} \int_0^X (X-z)\mathbf{f}(z)\,dz.$$

Die Integrale lassen sich durch die Verteilungsfunktion

$$\mathbf{N}(z) := \frac{1}{\sqrt{2\pi}} \int_{-\infty}^z e^{-\frac{x^2}{2}}\,dx$$

der Standardnormalverteilung (mit Erwartungswert 0 und Standardabweichung 1) ausdrücken:

$$\int_X^\infty z\cdot \mathbf{f}(z)\,dz = S\cdot e^{\left(\mu+\frac{\sigma^2}{2}\right)T} \cdot \mathbf{N}\left(\frac{(\mu+\sigma^2)T + \log\left(\frac{S}{X}\right)}{\sigma\sqrt{T}}\right), \qquad (2.19)$$

$$\int_X^\infty \mathbf{f}(z)\,dz = \mathbf{N}\left(\frac{\mu T + \log\left(\frac{S}{X}\right)}{\sigma\sqrt{T}}\right). \qquad (2.20)$$

2.8.2.4 Annahme IV

Wir nehmen an, dass das No-Arbitrage-Prinzip „auch im Erwartungswert" gilt, in dem Sinn, dass der erwartete zukünftige Preis z genau mit der risikolosen verzinslichen Entwicklung übereinstimmt:

$$E(z) = S \cdot e^{\hat{r}\cdot T}.$$

Aus dem bekannten Erwartungswert (siehe (2.11)) der GBM,

$$E(z) = S \cdot e^{\left(\mu+\frac{\sigma^2}{2}\right)T},$$

folgt damit $\mu = \hat{r} - \frac{\sigma^2}{2}$.

2.8.2.5 Die Formel

Unter diesen Annahmen erhalten wir die Black-Merton-Scholes-Formel (oft auch nur als Black-Scholes-Formel bezeichnet), für die 1998 der Ökonomie-Nobelpreis[20]

---

[20] Genauer gesagt: The Sveriges Riksbank Prize in Economic Sciences in Memory of Alfred Nobel.

vergeben wurde. Wir schreiben sie mit den Hilfstermen hin, die man gleichlautend in den meisten Lehrbüchern (siehe etwa [Hul00, Abschn. 11.7]) findet:

$$d_1 = \frac{\log\left(\frac{S}{X}\right) + (\hat{\mathbf{r}} + \frac{\sigma^2}{2})T}{\sigma\sqrt{T}},$$
$$d_2 = d_1 - \sigma\sqrt{T}.$$

Damit ergeben sich für europäische Call- und Putoptionen folgende theoretische Werte:

$$\mathbf{pv}(\text{Call}) = S \cdot \mathbf{N}(d_1) - e^{-\mathbf{r}(T) \cdot T} \cdot X \cdot \mathbf{N}(d_2), \tag{2.21}$$

$$\mathbf{pv}(\text{Put}) = e^{-\mathbf{r}(T) \cdot T} \cdot X \cdot \mathbf{N}(-d_2) - S \cdot \mathbf{N}(-d_1). \tag{2.22}$$

2.8.3 Die Black-Merton-Scholes-Formel (praktisch)

Für die Fehlerfunktion (die Verteilungsfunktion $\mathbf{N}(z)$ der Normalverteilung) gibt es sehr gute numerische Verfahren, die in vielen Programmen schon eingebaut sind: Es ist also in der Praxis nicht schwer, die obigen theoretischen Werte am Computer mit hoher Genauigkeit zu berechnen.

Obwohl die Black-Merton-Scholes-Formel

- auf Annahmen basiert, die in der Realität keineswegs erfüllt sind,
- und für europäische Optionen auf dasselbe Underlying, aber mit verschiedenen Laufzeiten T und Strikepreisen X Zahlenwerte liefert, die nicht mit den beobachteten Marktpreisen zusammenpassen,

wird sie in der Praxis zur Bestimmung theoretischer Preise verwendet (die realen Marktpreise ergeben sich wie immer durch Angebot und Nachfrage!). Das „funktioniert" so, dass ein wesentlicher Parameter im Black-Merton-Scholes-Ansatz nicht als konstant behandelt wird (wie das dem theoretischen Ansatz entsprechen würde), sondern sozusagen „an die reale Marktsituation angepasst" wird:

Von den fünf Parametern (S, X, T, $\hat{\mathbf{r}}$ und σ), die in die Black-Merton-Scholes-Formel eingehen, spielt die Standardabweichung σ, die in der Finanzwirtschaft als Volatilität bezeichnet wird, insofern eine besondere Rolle, als sie nicht

- aus der Beschreibung der Option ablesbar ist (wie der Fälligkeitstermin T und der Strikepreis X)
- oder direkt „am Markt" beobachtbar ist (wie der aktuelle Preis S und Zinssatz $\hat{\mathbf{r}}$).

Für eine*n Statistiker*in wäre es wohl am nächstliegenden, den Parameter σ aus historischen Preisdaten zu schätzen: Das Ergebnis solcher Schätzungen wird als

2.8 Geometrische Brownsche Bewegung und die Black-Merton-Scholes-Formel

historische Volatilität bezeichnet. In der Praxis viel bedeutender ist aber ein anderer Zugang: Bei festen Parametern S, X, T und $\hat{r}$ kann man die Black-Merton-Scholes-Formel als eine Funktion f in σ auffassen, die theoretische Barwerte liefert:

$$\mathbf{pv}_{\text{theo}}(\text{Option}) = f(\sigma).$$

In einem liquiden Optionsmarkt werden „laufend" reale Marktwerte von Optionen beobachtet; und dann kann man mit der Umkehrfunktion[21] f^{-1} von f den Parameter σ implizit aus den Marktpreisen ausrechnen:

$$\sigma = f^{-1}\bigl(\mathbf{pv}_{\text{echt}}(\text{Option})\bigr).$$

Die so erhaltene Schätzung bezeichnet man als implizite Volatilität. Dabei stellt sich heraus, dass diese implizite Volatilität σ keineswegs eine Konstante ist, sondern von

- der Laufzeit T
- und der Differenz $S - X$ zwischen aktuellem Preis und Strikepreis

abhängt:

$$\sigma = \sigma(T, S - X).$$

Die Funktion $\sigma(T, S - X)$ ist in der Realität natürlich nur für eine endliche Menge von Punkten $(T, S - X)$ gegeben, wenn man sie aber als reelle Funktion

$$\sigma : (0, \infty) \times \mathbb{R} \to (0, \infty)$$

auffasst, dann ist ihr Graph eine Fläche, der in der Finanzwirtschaft Volatility Surface genannt wird. Für festes T hat der Graph von σ (als Funktion in $S - X$) häufig eine Form, die einer Parabel ähnelt: Weil dieser Graph (mit etwas Phantasie) „wie ein Lächeln" aussieht, nennt man dieses Phänomen auch Volatility Smile; siehe Abb. 2.4.

Bemerkung 2.8.3 Genau wie die Zinskurve ist also auch die Volatility Surface eine mathematische Konstruktion, die

- aus beobachteten realen Preisen gewonnen wird
- und zur Bestimmung theoretischer Preise verwendet wird.

Hier drängt sich die Frage auf: Wozu braucht man diese theoretischen Preise überhaupt, wenn sie sich ohnehin einfach aus realen Preisen ergeben? – Die theoretische Bewertung von Finanzinstrumenten ist in der Praxis wichtig für

---

[21] Wenn sie existiert.

- Financial Engineering: Für spezielle Anforderungen konstruiert das Financial Engineering Instrumente mit Optionsbestandteilen, die nicht direkt am Markt verfügbar sind, und verwendet für die Preisfindung und das Hedging theoretische Modelle,
- Geschäftsentscheidung: Wenn man eine Option kaufen oder verkaufen möchte, braucht man eine Schätzung, welche Preise am Finanzmarkt wahrscheinlich erzielbar wären,
- Risikoschätzung: Marktteilnehmer*innen wollen die Auswirkungen hypothetischer Marktentwicklungen auf ihre Investitionen abschätzen,
- Gewinn- & Verlustrechnung und Bilanzierung: Marktteilnehmer*innen führen über ihre Aktivitäten und deren finanzielle Erfolge laufend Buch, aber die Frage „Was ist mein Portfolio aktuell wert?" kann natürlich nicht jedes Mal dadurch beantwortet werden, dass das Portfolio verkauft wird.

2.9 Risikomessung in der Finanzwirtschaft, ganz allgemein

In der Finanzwirtschaft versteht man unter „Risiko" einfach die Tatsache, dass finanzielle Gewinne & Verluste (**guv**) aus Investments und Handelsaktivitäten von (zufälligen) Marktentwicklungen abhängen; mathematisch ausgedrückt: Gewinn & Verlust (ausgedrückt in einer zugrunde liegenden Währung, z. B. €) aus einer Investition ist eine eindimensionale reelle Zufallsvariable.

Wenn wir das mathematisch fassen wollen, dann können wir das so versuchen: Der Raum der möglichen Marktentwicklungen ist ein Wahrscheinlichkeitsraum Ω, und der Preisvektor $P = (p_1, p_2, \ldots, p_n)$ der Preise der am Markt gehandelten Finanzinstrumente $f_1, f_2, \ldots, f_n$ ist eine n-dimensionale Zufallsvariable, also eine Funktion

$$P : \Omega \to \mathbb{R}^n.$$

Abb. 2.4 Illustration: Volatility Smile (fiktives Beispiel)

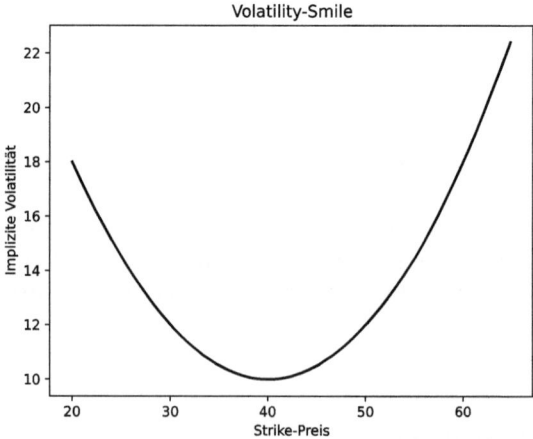

2.9 Risikomessung in der Finanzwirtschaft, ganz allgemein

Der Barwert **pv** eines Portfolios

$$\sum_{i=1}^{n} \lambda_i f_i$$

ist dann (jedenfalls in erster Näherung, also ohne Berücksichtigung von Mengenrabatten und anderen Nichtlinearitäten) eine eindimensionale reelle Zufallsvariable, die sich als inneres Produkt des Koeffizientenvektors $(\lambda_i)_{i=1}^{n}$ mit der n-dimensionalen Zufallsvariable (Preisvektor) $(p_i)_{i=1}^{n}$ ergibt:

$$\mathbf{pv} = \sum_{i=1}^{n} \lambda_i \cdot p_i.$$

Für finanzielle Entscheidungen ist man meist (nur) an der eindimensionalen Zufallsvariable „Gewinne & Verluste (**guv**)" interessiert: Deren Verteilung ergibt sich (rein mathematisch) natürlich ohne Weiteres aus der Verteilung des Preisvektor P; diese ist aber nicht bekannt und muss aus vorhandenen Daten geschätzt werden. Dabei kommt erschwerend hinzu, dass diese n-dimensionale Zufallsvariable ja von dem Zeithorizont T abhängt, der betrachtet wird: $P = P(T)$ ist also ein stochastischer Prozess, und dasselbe gilt daher auch für **guv**(T):

$$\mathbf{guv}(T) = \mathbf{pv}(T) - \mathbf{pv}(0).$$

Für typische finanzwirtschaftliche Entscheidungen (wie die Wahl eines optimalen Portfolios) ist es also wichtig, die **guv**-Verteilung (für einen fest gewählten Zeithorizont T, gemessen in Jahren; in diesem Zusammenhang als Haltedauer[22] bezeichnet) möglichst realitätsnah zu schätzen: Wenn man dabei ganz verschiedene Portfolios vergleichen will, dann ist es naheliegend, die Zufallsvariable **guv** in eine (annualisierte) Rendite umzurechnen:

$$\text{Rendite} = \sqrt[T]{\frac{\mathbf{guv}(T)}{\mathbf{pv}(0)}} - 1 = \left(\left(\frac{\mathbf{pv}(T) - \mathbf{pv}(0)}{\mathbf{pv}(0)}\right)^{1/T} - 1\right) 100\,\%.$$

Solche (eindimensionalen!) Renditeverteilungen könnte man durchaus „gesamthaft betrachten" (in einer grafischen Veranschaulichung), in der Praxis ist es aber üblich, stattdessen einzelne aussagekräftige Kennzahlen der Verteilung zu berechnen: Die nächstliegenden Kennzahlen sind

- der Erwartungswert
- und die Varianz bzw. die Standardabweichung.

---

[22] In dem Sinn: Wie lange will man das gegenständliche Portfolio (be-)halten?

Abb. 2.5 Dichte der Normalverteilung für Erwartungswert $\mu = 0$ und Standardabweichungen $\sigma = 0,1,\ 0,5,\ 1,0,\ 2,0$ und $5,0$

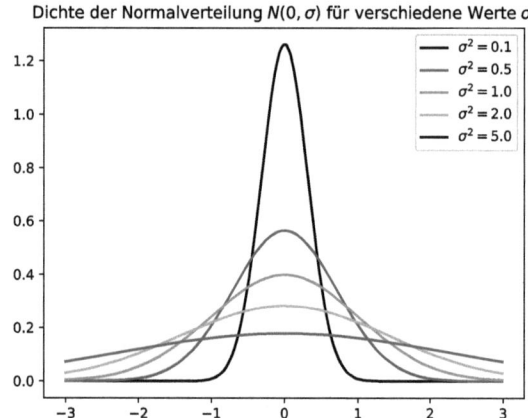

Die Standardabweichung der Rendite ist ein einfaches Maß dafür, wie „unsicher, also riskant" eine Investition ist: Sie liefert eine Information über die Schwankungsbreite einer Zufallsvariable; siehe Abb. 2.5, die das am Beispiel der Normalverteilung veranschaulicht. (Für eine wirklich risikolose Investition wäre die Standardabweichung gleich null.)

Eine einleuchtende Faustregel für Investitionen lautet:

Je höher das Risiko ist, desto höher sollte auch die erwartete Rendite sein.

Wenn man diese Faustregel als direkte Proportionalität auffasst, dann sollte man die Güte eines Investments also mit der Sharpe Ratio[23] bewerten:

$$\text{Sharpe ratio} = \frac{\text{Erwartete Rendite} - \text{Risikolose Rendite}}{\text{Standardabweichung}}.$$

In die Beurteilung einer Investition sollte aber jedenfalls nicht nur die (erwartete) Rendite (Return on Capital) einfließen, sondern ebenso das damit verbundene Risiko (wie auch immer dieses quantifiziert wird), es sollte also eine risikoadjustierte Rendite (Risk Adjusted Return On Capital) betrachtet werden.

2.9.1 Value at Risk, in der Theorie

Die Varianz (oder Standardabweichung) misst Abweichungen vom Erwartungswert in beide Richtungen (nach oben und nach unten): Im Risikomanagement von Banken interessiert man sich aber oft nur für Abweichungen nach unten, also für Verlustrisiken (denn vom Ausmaß solcher Verlustrisiken hängt die Eigenkapitalunterlegung ab, die die Bank für die entsprechenden risikobehafteten Geschäfte reservieren muss).

---

[23] Benannt nach William Sharpe, Nobelpreis für Ökonomie 1990.

2.9 Risikomessung in der Finanzwirtschaft, ganz allgemein

Für asymmetrische Verteilungen ist die Varianz als Risikomaß daher nicht das Richtige: Stattdessen könnte man für eine feste Haltedauer T ein festes Konfidenzniveau α wählen und das $(1-\alpha)$-Quantil der Zufallsvariable **guv** betrachten, also jenen Verlust q (absolut genommen, also $q \geq 0$) der mit Wahrscheinlichkeit α nicht (nach unten) übertroffen wird; genauer gesagt:

$$\mathbb{P}(\mathbf{guv} \geq -q) = \alpha.$$

Diese Zahl q wird in diesem Zusammenhang als Value at Risk (für Haltedauer T und Konfidenzniveau α) bezeichnet.

Bemerkung 2.9.1 Die tatsächliche Berechnung dieser Zahl kann recht aufwendig sein. Wenn die **guv**-Verteilung eine Normalverteilung ist (bzw. als solche modelliert wird), dann ist die Ermittlung der Quantile (fast) gleichbedeutend mit der Schätzung von (Mittelwert und) Varianz: Daher findet man in machen finanzwirtschaftlichen Lehrbüchern die Definition

$$\text{Value at Risk} := \text{Konstante} \times \text{Standardabweichung};$$

die Konstanten sind dabei von den Quantilen der Standardnormalverteilung (z. B.: 2,33 für $\alpha = 0{,}99$) abgeleitet.

Wenn insbesondere

- für die zugrunde liegenden Preise $p_1, \ldots, p_n$ der infrage kommenden Finanzinstrumente eine gemeinsame Normalverteilung angenommen wird
- und alle Risiken im Portfolio linear sind,

dann ist die Zufallsvariable **guv** selbst wieder (eindimensional) normalverteilt (als Linearkombination normalverteilter Zufallsvariablen: Das ist die Reproduktionseigenschaft der Normalverteilung, siehe z. B. [Sch66, Abschn. 27]). Die Varianz von **guv** ergibt sich dabei aus dem Portfolio und der Kovarianzmatrix des zugrunde liegenden Preisvektors $P = (p_1, \ldots, p_n)$: Das darauf basierende Verfahren zur Value-at-Risk-Schätzung wird daher als Varianz-Kovarianz-Methode bezeichnet.

2.9.2 (In-)Kohärente Risikomaße

Die Frage nach einem guten Risikomaß kann man auch recht theoretisch aufzäumen. In der Arbeit [Art+99] wird dazu folgendes Konzept eingeführt:

Definition 2.9.1 (Kohärentes Risikomaß) Sei V ein Vektorraum messbarer (reellwertiger) Funktionen (auf einem geeigneten Wahrscheinlichkeitsraum Ω), geordnet durch

$$v \preceq w :\iff \forall \omega \in \Omega: v(\omega) \leq w(\omega).$$

Eine Funktion $\rho : V \to \mathbb{R}$ heißt kohärentes Risikomaß, wenn sie die folgenden Bedingungen erfüllt:

- Monotonie: Für alle $v, w \in V$ mit $v \preceq w$ gilt

$$\rho(v) \geq \rho(w)$$

(salopp gesprochen: Wenn w „auf alle Fälle" größer als oder gleich v ist, dann ist das Risikomaß von v größer als das oder gleich dem von w),
- Subadditivität: Für alle $v, w \in V$ gilt

$$\rho(v + w) \leq \rho(v) + \rho(w)$$

(salopp gesprochen: Das Risikomaß eines aus zwei Teilen zusammengesetzten Portfolios ist höchstens so groß wie die Summe der Risikomaße der beiden Teile, es gilt also eine Dreiecksungleichung),
- Positive Homogenität: Für alle $\alpha \geq 0$ und alle $v \in V$ gilt

$$\rho(\alpha \cdot v) = \alpha \cdot \rho(v)$$

(salopp gesprochen: Wenn man ein Portfolio hinauf- oder hinunterskaliert, dann wird das Risikomaß mit demselben Faktor hinauf- oder hinunterskaliert),
- Translationsinvarianz: Für alle $\alpha \in \mathbb{R}$ und alle $v \in V$ gilt

$$\rho(\alpha + v) = -\alpha + \rho(v)$$

(salopp gesprochen: Wenn man zu einem Portfolio einen risikolosen Bargeldbetrag α dazufügt, dann ändert sich das Risikomaß um $-\alpha$; für $\alpha > 0$ sinkt also die Risikomaßzahl).

Das folgende Beispiel zeigt, dass der Value at Risk kein kohärentes Risikomaß ist:

Beispiel 2.9.1 Betrachten wir zwei Derivate[24] a und b auf ein Underlying S, deren Payoffs p_a, p_b folgendermaßen vom Wert des Underlyings zum Zeitpunkt T abhängen:

$$p_a = \begin{cases} 1 & : \text{ wenn } S(T) > 200, \\ 0 & : \text{ sonst;} \end{cases} \quad \text{und } p_b = \begin{cases} 1 & : \text{ wenn } S(T) < 100, \\ 0 & : \text{ sonst;} \end{cases}$$

und seien die Wahrscheinlichkeiten

$$\mathbb{P}(S(T) > 200) = \mathbb{P}(S(T) < 100) = 0{,}75\,\%.$$

---

[24] Solche Derivate gibt es tatsächlich: Sie werden Digital Options oder Binary Options genannt (wegen ihrer zweiwertigen, also „binären" Payofffunktion).

Der Value at Risk zum Konfidenzniveau 99 % ist für ein verkauftes Derivat a genauso gleich 0 wie für ein verkauftes Derivat b: Aber das „kombinierte" Portfolio bestehend aus je einer verkauften Option a und b hat Value at Risk $1 > 0$.
Der Value at Risk ist also nicht subadditiv:

$$1 = \rho(a+b) > \rho(a) + \rho(b) = 0,$$

und daher kein kohärentes Risikomaß.

Dennoch ist der Value at Risk in der Praxis der Banken das am meisten verbreitete Risikomaß; nicht zuletzt deshalb, weil auch viele aufsichtsrechtliche Vorgaben zur Eigenmittelunterlegung risikobehafteter Geschäfte auf diesem Risikomaß basieren.

2.10 Value at Risk, praktisch: Simulation und Copulas

In der Praxis werden (geschätzte) Risikokennzahlen durch Computerprogramme berechnet.

2.10.1 Historische Simulation

Unter historischer Simulation versteht man das folgende sehr einfache Verfahren: Die möglichen zukünftigen Wertveränderungen eines aktuellen Portfolios werden mit historischen Wertveränderungen (daher der Name des Verfahrens)

$$\frac{\text{Preis am Tag } t - \text{Preis am Tag } (t-1)}{\text{Preis am Tag } (t-1)}$$

einer Zeitreihe in der Vergangenheit beobachteter Preise simuliert: Aus der so erhaltenen empirischen Verteilung (zunächst für Änderungen von einem Tag auf den nächsten) können dann Risikokennzahlen wie der Value at Risk geschätzt werden (auch für längere Haltedauern als ein Tag, sofern „genügend" historische Daten zur Verfügung stehen).

2.10.2 Monte-Carlo-Simulation

Eine Monte-Carlo-Simulation schätzt Risikokennzahlen ganz ähnlich wie historische Simulation – nur werden dafür statt historischer Daten computergenerierte Zufallszahlen verwendet: Wenn wir also z. B. den Value at Risk für Haltedauer T zum Konfidenzniveau α für ein Portfolio schätzen wollen, das aus n Finanzinstrumenten zusammengesetzt ist, dann müssten wir

- eine „ausreichend umfangreiche" Folge zufälliger Preisvektoren

$$(p_1(T), \ldots, p_n(T))$$

erzeugen, die dieselbe Verteilung haben wie die tatsächlichen Preise der Finanzinstrumente,
- für jeden dieser zufälligen Preisvektoren den entsprechenden Barwert des Portfolios berechnen
- und aus der so erzeugten empirischen Verteilung von Portfoliobarwerten das α-Quantil bestimmen.

Zum Beispiel könnten wir für $\alpha = 95\,\%$ eine Folge der Länge $N = 10.000$ von zufälligen Preisvektoren erzeugen und damit eine gleich lange Liste von möglichen Portfoliobarwerten berechnen. Diese Liste müssten wir aufsteigend ordnen, und das 50. Element L_{50} in dieser geordnete Liste L würde dann eine Schätzung für den Value at Risk q ergeben:

$$q = -(L_{50} - \text{aktueller Barwert des Portfolios}).$$

Natürlich ergeben sich hier zwei Fragen:

1. Was ist die (n-dimensionale) Verteilung der tatsächlichen Preise der Finanzinstrumente?
2. Wie erzeugen wir Zufallsvektoren, die genau dieser Verteilung entsprechen?

2.10.2.1 Verteilung n-dimensionaler Preisvektoren
Zu dieser Frage gibt es grundsätzlich eine schlechte Nachricht: Die „richtige" Verteilung ist (naturgemäß) nicht bekannt.

Die übliche Modellierung für die Verteilung einer n-dimensionalen Zufallsvariable $P = (p_1, \ldots, p_n)$ von Preisen nimmt an, dass

- jeder einzelne Preis p_i logarithmisch normalverteilt ist, (d. h.: e^{p_i} ist normalverteilt),
- und dass der Vektor $(e^{p_1}, \ldots, e^{p_n})$ eine n-dimensionale Normalverteilung hat, mit Vektor von Erwartungswerten $\vec{\mu} = (\mu_1, \ldots, \mu_n)$ und Kovarianzmatrix Σ, die man aus historischen Daten schätzen kann.

Bemerkung 2.10.1 Diese Modellierung hat den Vorteil, dass sie rein mathematisch sehr gut behandelbar ist.

2.10 Value at Risk, praktisch: Simulation und Copulas

Sie stimmt aber nur eingeschränkt mit der Realität überein, die damit abgebildet werden soll[25]; dennoch wird sie häufig verwendet: Diese „systematischen Modellierungsfehler" können zu gravierenden Problemen führen, siehe dazu Abschn. 2.11.

2.10.2.2 Erzeugung beliebig verteilter Zufallszahlen

Für die meisten modernen Programmiersprachen gibt es Funktionen zur Erzeugung von (Pseudo-)Zufallszahlen, die auf dem Intervall [0, 1] gleichverteilt sind: Diese Zahlen sind „nicht wirklich zufällig", denn sie werden nach einem deterministischen Algorithmus erzeugt – aber das Ergebnis ist, salopp gesprochen, mit statistischen Tests nicht von „echten" Zufallszahlen zu unterscheiden.

Klarerweise ist eine beliebige Funktion $Z : \mathbf{img}(X) \to \mathbb{R}$ einer (stetigen) Zufallsvariable $X : \Omega \to \mathbb{R}$ wieder eine Zufallsvariable:

$$Z \circ X : \Omega \to \mathbb{R}.$$

Wenn wir für Z speziell die (jedenfalls monoton steigende) Verteilungsfunktion $\mathbf{F}_X$ von X wählen, dann gilt definitionsgemäß

$$\mathbf{F}_X \circ X : \Omega \to [0, 1],$$

und wenn $\mathbf{F}_X$ invertierbar ist, dann gilt für die Verteilungsfunktion dieser zusammengesetzten Zufallsvariable $\mathbf{F}_X \circ X$

$$\mathbf{F}_{(\mathbf{F}_X \circ X)}(\alpha) = \mathbb{P}(\mathbf{F}_X \circ X \leq \alpha) = \mathbb{P}\left(X \leq \mathbf{F}_X^{-1}(\alpha)\right) = \mathbf{F}_X\left(\mathbf{F}_X^{-1}(\alpha)\right) = \alpha.$$

Die Verteilungsfunktion von X transformiert X also in eine gleichverteilte Zufallsvariable.

Umgekehrt erhalten wir aus dieser Überlegung:

Korollar 2.10.1 Sei Y eine gleichverteilte Zufallsvariable, und sei X eine Zufallsvariable mit einer invertierbaren Verteilungsfunktion $\mathbf{F}_X$. Dann ist $\mathbf{F}_X^{-1} \circ Y$ eine Zufallsvariable mit Verteilungsfunktion $\mathbf{F}_X$.

Ob diese rein mathematische Aussage aber zu einem in der Praxis geeigneten Verfahren zur Erzeugung entsprechend verteilter Zufallszahlen aus gleichverteilten Zufallszahlen führt, hängt entscheidend davon ab, ob die Umkehrfunktion $\mathbf{F}_X^{-1}$ gut am Computer berechenbar ist: Für die häufig benötigten standardnormalverteilten Zufallszahlen ist

- die schlechte Nachricht, dass diese Umkehrfunktion nicht gut berechenbar ist;
- die gute Nachricht, dass es zur Erzeugung andere sehr gut geeignete Methoden gibt z. B. die Box-Muller-Transformation [Pre+92, Abschn. 7.2].

---

[25] Die fragwürdige Gültigkeit der „Normalitätsannahme" ist Gegenstand zahlreicher Untersuchungen.

2.10.2.3 Aufprägen einer Kovarianzmatrix

Wenn wir davon ausgehen, dass uns ein Zufallszahlengenerator zur Verfügung steht, der paarweise unabhängige standardnormalverteilte Zufallszahlen erzeugt, dann haben wir damit auch n-dimensionale standardnormalverteilte Zufallszahlen

- mit vorgegebenem Mittelwertsvektor $(0, \ldots, 0)$
- und vorgegebener Kovarianzmatrix gleich der $n \times n$ Einheitsmatrix

zur Verfügung: Was wir jetzt noch brauchen, ist eine Transformation, die aus einem Vektor $\vec{z} = (z_1, \ldots, z_n)$ solcher Zufallszahlen einen

- mit vorgegebenem Mittelwertsvektor $\vec{\mu} = (\mu_1, \ldots, \mu_n)$
- und vorgegebener Kovarianzmatrix Σ

macht.

Dazu betrachten wir den naheliegenden Ansatz, dass diese Transformation von der Gestalt

$$A \cdot \vec{z} + \vec{\mu}$$

ist, für eine gewisse $n \times n$-Matrix $A = (a_{i,j})$: Die Kovarianz der Komponenten i und j im Vektor $A \cdot \vec{z}$ ist definitionsgemäß

$$E\left(\left(\sum_{k=1}^{m} a_{i,k} z_k - E\left(\sum_{k=1}^{m} a_{i,k} z_k\right)\right) \cdot \left(\sum_{k=1}^{m} a_{j,k} z_k - E\left(\sum_{k=1}^{m} a_{j,k} z_k\right)\right)\right)$$

Nach Voraussetzung gilt für alle Mittelwerte, Varianzen und Kovarianzen der Komponenten z_i von $\vec{z}$

$$E(z_i) = 0 \text{ und } E(z_i^2) = 1 \text{ und } E(z_i \cdot z_j) = 0 \text{ für } i, j = 1, \ldots, n \text{ mit } i \neq j,$$

also erhalten wir einfach

$$\sum_{k=1}^{m} a_{i,k} \cdot a_{j,k},$$

und das ist genau die (i, j)-te Eintragung der Matrix $A \cdot A^T$. Zusammenfassend: Die Kovarianzmatrix des transformierten Zufallsvektors ist

$$\mathbf{cov}(A \cdot \vec{z}) = A \cdot A^T.$$

Um also den Vektor $\vec{z}$ von unabhängig identisch normalverteilten (Mittelwert 0, Varianz 1) Zufallsvariablen in einen normalverteilten Zufallsvektor mit Kovarianzmatrix Σ zu transformieren, müssten wir nur eine Matrix T finden mit $\Sigma = T \cdot T^T$: Diese sogenannte Cholesky-Zerlegung existiert für symmetrische und positiv semidefinite Matrizen (insbesondere also für Kovarianzmatrizen) immer und ist auch numerisch relativ leicht zu bestimmen (siehe etwa [Pre+92, Abschn. 2.9]).

Abb. 2.6 Plot von 2500 zweidimensionalen normalverteilten Zufallsvektoren mit vorgegebenem Mittelwert und vorgegebener Kovarianzmatrix Σ

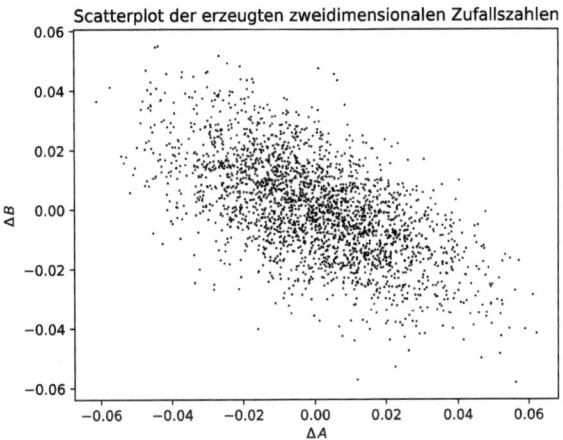

2.10.2.4 Illustration: Value-at-Risk-Schätzung mit Monte-Carlo-Simulation

Gegeben seien zwei Aktien A und B, die heute die Werte $P_A = 61{,}0$ und $P_B = 23{,}4$ haben. Der risikolose Zinssatz sei $\hat{r} = 0{,}07$, die Varianzen (Quadrate der Volatilitäten) seien $\sigma_A^2 = 0{,}1$ und $\sigma_B^2 = 0{,}07$; die Kovarianz sei $-0{,}05$.

Wir wollen tägliche Veränderungen simulieren, daher treffen wir die übliche (aber ganz und gar unastronomische!) Annahme, dass ein Jahr 250 Handelstage hat, und rechnen alle Größen für Zeitschritte

$$\Delta t = \frac{1}{250} = 0{,}004$$

um.

Im Black-Merton-Scholes-Framework nehmen wir an, dass die Preise geometrische Brownsche Bewegungen sind: Für eine Monte-Carlo-Simulation müssen wir das diskretisieren; als Driftterme erhalten wir

$$\mu_A = \frac{\hat{r} - \sigma_A^2/2}{250} \sim 0{,}00008, \quad \mu_B = \frac{\hat{r} - \sigma_B^2/2}{250} \sim 0{,}00014.$$

Dieselbe Umrechnung auf eintägige Zeitschritte liefert als Kovarianzmatrix (samt Cholesky-Zerlegung)

$$\Sigma = \begin{pmatrix} 0{,}0004 & -0{,}0002 \\ -0{,}0002 & 0{,}00028 \end{pmatrix} \sim \begin{pmatrix} 0{,}02 & 0{,} \\ -0{,}01 & 0{,}0134 \end{pmatrix} \times \begin{pmatrix} 0{,}02 & -0{,}01 \\ 0 & 0{,}0134 \end{pmatrix}$$

Abb. 2.6 zeigt einen Plot solcher Zufallszahlen: Deutlich erkennbar ist die aufgeprägte negative Korrelation.

Nun können wir Pfade der GBM simulieren: Diese werden rekursiv erzeugt durch

$$P_A(n \cdot \Delta t) = e^{z_A} \cdot P_A((n-1)\Delta t),$$
$$P_B(n \cdot \Delta t) = e^{z_B} \cdot P_B((n-1)\Delta t)$$

Abb. 2.7 Simulierte Pfade für P_A und P_B auf 10 Jahre

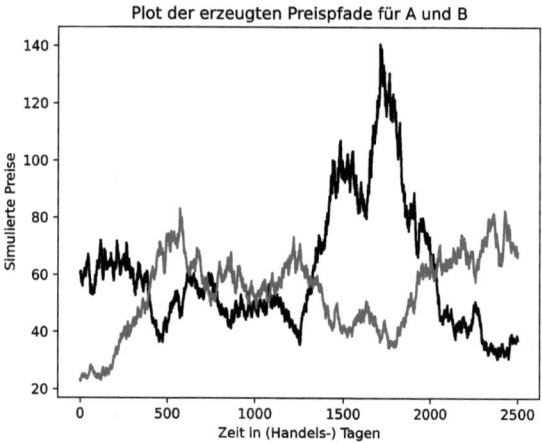

Abb. 2.8 Simulierte Gewinne und Verluste des Portfolios, Value at Risk zum Konfidenzniveau 2,0 %

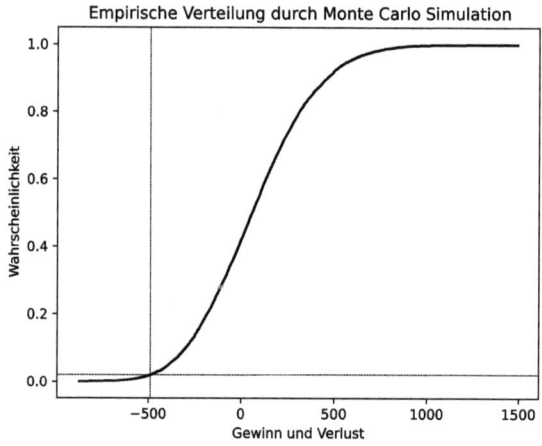

mit der Anfangsbedingung $P_A(0) = 61{,}0$ und $P_B(0) = 23{,}4$; z_A und z_B sind die normalverteilten Zufallszahlen.

Abb. 2.7 illustriert solche Pfade auf 10 Jahre (entsprechend 2500 Handelstagen) für die Preise P_A und P_B.

Schließlich betrachten wir ein Portfolio von 40 Stück A und 100 Stück B. Wir wählen einen Beobachtungszeitraum von 50 Tagen und wollen den Value at Risk zum Konfidenzniveau 98 % für dieses Portfolio schätzen.

Dazu simulieren wir 5000 Pfade der Länge 50 Tage und betrachten immer die Differenz des Portfoliowerts am Ende und am Anfang des Pfades: Dies liefert eine empirische Verteilung von 5000 simulierten **guv**-Werten. Diese Werte sortieren wir der Größe nach: Der 100. Wert ist ein (ganz guter) Schätzer für den gesuchten Value at Risk.

Abb. 2.8 illustriert die Sache.

2.10.3 Randverteilungen und Copulas

Im vorigen Abschnitt haben wir angenommen, dass die logarithmierten relativen Änderungen $(z_1, z_2, \ldots, z_n)$ der Preise von n verschiedenen Finanzinstrumenten gemeinsam normalverteilt sind – und der einzige Grund für diese Annahme war die Tatsache, dass Berechnungen (z. B. von Quantilen) damit mathematisch elegant und computertechnisch einfach bewältigbar werden.

Aber selbst dann, wenn

- die Randverteilungen (also die Verteilungen der einzelnen Komponenten z_i)
- und die Kovarianzmatrix

genau bekannt (oder zumindest sehr realitätsnah geschätzt) sind, ist die tatsächliche gemeinsame Verteilung dadurch keineswegs eindeutig bestimmt, wie das folgende einfache Beispiel zeigt:

Beispiel 2.10.1 Wir betrachten zwei, die beide

- dieselben vier möglichen Werte

$$\vec{\omega}^T := (\omega_1, \omega_2, \omega_3, \omega_4) = (-2, -1, 1, 2)$$

annehmen können,
- und zwar mit mit denselben (konstanten) Wahrscheinlichkeiten $\frac{1}{4}$:

X und Y sind also identisch (gleich-)verteilt, und offensichtlich ist $E(X) = E(Y) = 0$. Die gemeinsame Verteilung von X und Y können wir durch die 4×4-Matrix P mit den Einträgen

$$P_{i,j} := \mathbb{P}(X = \omega_i \text{ und } Y = \omega_j)$$

Die Matrix P muss gewissen Bedingungen genügen: $0 \leq P_{i,j} \leq 1$ ist natürlich klar. Sei

$$\mathbf{1}^T := (1, 1, 1, 1),$$

dann bedeutet die Vorgabe der Randverteilung von X und Y die Bedingungen

$$\mathbf{1}^T \cdot P = P \cdot \mathbf{1} = \left(\frac{1}{4}, \frac{1}{4}, \frac{1}{4}, \frac{1}{4}\right)^T.$$

Durch die Vorgabe einer Kovarianz

$$\text{cov}(X, Y) = \vec{\omega}^T \cdot P \cdot \vec{\omega} = 0$$

wird P aber nicht eindeutig bestimmt: Neben der „einfachen" Situation $P_{i,j} \equiv \frac{1}{16}$ (d. h., X und Y sind unabhängig) gibt es noch andre Verteilungen, z. B.

$$P = \begin{pmatrix} \frac{2}{21} & \frac{2}{63} & \frac{3}{56} & \frac{5}{72} \\ \frac{2}{63} & \frac{47}{504} & \frac{1}{16} & \frac{1}{16} \\ \frac{3}{56} & \frac{1}{16} & \frac{1}{14} & \frac{1}{16} \\ \frac{5}{72} & \frac{1}{16} & \frac{1}{16} & \frac{1}{18} \end{pmatrix},$$

die den Bedingungen genügen.

In der Praxis weicht man dem Problem der unbekannten gemeinsamen Verteilung genauso plump aus, wie wir das im vorigen Abschnitt getan haben, indem man nämlich eine (möglichst einfache) mehrdimensionale Verteilung (typischerweise: Normalverteilung) annimmt, der man noch eine (aus den zu modellierenden Daten geschätzte) Kovarianzmatrix aufprägt.

Der theoretische Hintergrund für dieses Aufprägen einer Kovarianzmatrix auf eine mehrdimensionale Zufallsvariable, bei der nur die Randverteilungen bekannt (oder gut geschätzt) sind, ist der folgende:

Sei $\vec{X} = (X_1, \ldots, X_n)$ eine n-dimensionale Zufallsvariable mit (gemeinsamer) Verteilungsfunktion $\mathbf{F}_{\vec{X}}$. Unter der Annahme, dass alle Randverteilungen $\mathbf{F}_{X_i}$ invertierbar sind, ist $\vec{Y}$

$$(x_1, \ldots, x_n) \mapsto \left(\mathbf{F}_{X_1}(x_1), \ldots, \mathbf{F}_{X_n}(x_n)\right)$$

eine invertierbare Funktion

$$\vec{Y} : \mathbf{img}(X_1) \times \cdots \times \mathbf{img}(X_n) \to [0, 1]^n.$$

Also ist $\vec{Z} := \vec{Y} \circ \vec{X}$ eine n-dimensionale Zufallsvariable mit Werten im n-dimensionalen Würfel $[0, 1]^n$, wobei alle Randverteilungen $\mathbf{F}_{Z_i}$ Gleichverteilungen auf $[0, 1]$ sind. Die (nach Annahme bijektive!) Funktion $\vec{Y}$ „übersetzt" sozusagen die gemeinsame Verteilung $\mathbf{F}_{\vec{X}}$ auf den Würfel $[0, 1]^n$, d. h.:

$$\mathbf{F}_{\vec{Z}}(z_1, \ldots, z_n) = \mathbf{F}_{\vec{X}}\left(\mathbf{F}_{X_1}^{-1}(z_1), \ldots, \mathbf{F}_{X_n}^{-1}(z_n)\right).$$

Wir sehen also: Die mehrdimensionale Verteilung $\mathbf{F}_{\vec{X}}$ ist eindeutig bestimmt durch

- die Randverteilungen $\mathbf{F}_{X_i}$
- und eine gemeinsame Verteilung $\mathbf{F}_{\vec{Z}}$ auf dem Würfel $[0, 1]^n$, wobei alle Randverteilungen Gleichverteilungen auf $[0, 1]$ sind.

Dieser Sachverhalt ist als Sklar-Theorem [Skl59] bekannt.

Die auftretenden gemeinsamen Verteilungen in Sklars Theorem haben einen eigenen Namen:

Definition 2.10.1 (Copula) Eine n-dimensionale Copula ist die Verteilungsfunktion einer mehrdimensionalen Zufallsvariable, deren Werte im n-dimensionalen Würfel $[0, 1]^n$ liegen, wobei alle Randverteilungen Gleichverteilungen auf $[0, 1]$ sind.

Wenn $\vec{X}$ in den obigen Überlegungen eine normalverteilte Zufallsvariable ist, dann bezeichnet man die zugeordnete Verteilung von $\vec{Z} = \vec{Y} \circ \vec{X}$ als Gauß-Copula: In finanzwirtschaftlichen Modellen, wo die Erfassung der Kovarianzen von mehrdimensionalen Zufallsvariablen wichtig ist, aber die „wahre" gemeinsame Verteilung dieser Zufallsvariablen nicht bekannt ist, verwendet man gerne Gauß-Copulas, weil damit die Rechnungen so einfach werden wie in diesem Abschnitt.

Empirische Beobachtungen zeigen aber ganz klar, dass Risiken tendenziell unterschätzt werden, wenn die Normalverteilung (oder logarithmische Normalverteilung) zur Modellierung verwendet wird: „Extremale" Ereignisse

$$X \notin (\mu - 3 \cdot \sigma, \mu + 3 \cdot \sigma)$$

für eine Zufallsvariable X kommen in der Realität häufiger vor als die Normalverteilungsannahme $X \sim \mathbf{N}(\mu, \sigma)$ vorhersagt. Die „Enden" der realen Verteilung sind sozusagen „dicker", daher wird diese Beobachtung im Englischen als „fat tails" bezeichnet.

2.11 Finanzkrise 2008

Es ist zwar sehr verständlich, dass man sich in der Suche nach Modellen zur Beschreibung (finanz-)wirtschaftlicher Sachverhalte auf

- mathematisch elegante
- und numerisch (also mit dem Computer) gut behandelbare

Ansätze konzentriert: Aber das „einzig wahre" Kriterium für die Güte einer Modellierung ist der Grad an Übereinstimmung mit der Realität, die durch die Modellierung abgebildet werden soll.

Beispiel 2.11.1 (Value at Risk für Eigenmittelerfordernisse: Backtesting) Um potenzielle Verluste abzufedern und Zusammenbrüche von Banken zu vermeiden, schreiben die Aufsichtsbehörden den Banken Eigenmittelerfordernisse für ihre Handelsgeschäfte vor: Dafür kann das potenzielle Verlustrisiko durch eine Value-at-Risk-Schätzung (wie im vorigen Abschnitt skizziert) ermittelt werden, aber nur, wenn durch ein Backtesting (also durch eine Untersuchung anhand historischer Daten, wie oft der berechnete Value at Risk hypothetisch übertroffen worden wäre) statistisch nachgewiesen wird, dass diese Schätzung einigermaßen zuverlässig ist.

Dass Aufsichtsbehörden versuchen, den Finanzmarkt zu regulieren und insbesondere Banken zu einem verfeinerten Risikomanagement anzuhalten, hat seine Ursache in zahlreichen Fehlentwicklungen (z. B. Zusammenbruch der Barings Bank 1995).

Diese Regulierungen erfolgten in mehreren Phasen, die in der Branche nach dem Sitz des Committee on Banking Supervision als „Basel I" (1988), „Basel II" (2006) und „Basel III" (ab 2013) bezeichnet werden: Trotz dieser Bemühungen um verbessertes Risikomanagement in der Bankwirtschaft kam es im Jahr 2008 zu einer folgenschweren Finanzkrise, ausgelöst durch den Zusammenbruch der US-amerikanischen Investmentbank Lehman Brothers.

Diese Krise hatte mehrere Gründe, aber ein Aspekt passt sehr gut als Abschluss dieser kurzen Einführung: Mathematische Eleganz einer Modellierung und deren rechnerisch korrekte Umsetzung allein ergeben noch lange kein adäquates Risikomanagement!

2.11.1 Diversifikation in Kreditportfolios

Ein Kerngeschäft von Banken ist die Vergabe von Darlehen (auch als Kredite bezeichnet), und das mit diesem Kreditgeschäft verbundene Ausfallrisiko besteht darin, dass Darlehen manchmal nicht (oder nicht vollständig) zurückgezahlt werden, dass also vertraglich vereinbarte Rückzahlungen ausfallen.

In aller Regel hat eine Bank nicht nur eine*n Kreditnehmer*in, sondern eine (meist große) Vielzahl: Sie investiert die Gesamtsumme, die sie als Darlehen vergibt, also nicht in einen einzigen großen Kredit, sondern in ein Kreditportfolio, das aus vielen kleineren Darlehen besteht. Das hat (jedenfalls dann, wenn die Ausfälle der einzelnen Kreditnehmer*innen im wahrscheinlichkeitstheoretischen Sinn unabhängig sind) einen risikomindernden Effekt (Diversifikationseffekt), den man rein mathematisch (und stark vereinfachend) folgendermaßen veranschaulichen kann: Seien X, Y zwei unabhängige normalverteilte Zufallsvariable

$$X \sim \mathbf{N}(\mu_x, \sigma_x^2) \text{ und } Y \sim \mathbf{N}(\mu_y, \sigma_y^2).$$

Dann gilt für eine beliebige Linearkombination

$$(\lambda_x \cdot X + \lambda_y \cdot Y) \sim \mathbf{N}(\lambda_x \cdot \mu_x + \lambda_y \cdot \mu_y, \lambda_x^2 \cdot \sigma_x^2 + \lambda_y^2 \cdot \sigma_y^2)$$

(Reproduktionssatz für die Normalverteilung). Wenn wir die Standardabweichung als Maßzahl für Risiko wählen und vor der Entscheidung stehen, eine Gesamtsumme

- entweder in einen einzigen Kredit mit **guv**-Verteilung $\mathbf{N}(\mu, \sigma^2)$ zu investieren
- oder gleichmäßig auf n paarweise unabhängige Kredite mit derselben **guv**-Verteilung $\mathbf{N}(\mu, \sigma^2)$ aufzuteilen,

dann bedeutet

- die erste Möglichkeit (definitionsgemäß) die Risikomaßzahl σ,
- aber die zweite Möglichkeit die (kleinere) Risikomaßzahl

$$\sqrt{\sum_{k=1}^{n}\frac{\sigma^2}{n^2}} = \sqrt{\frac{\sigma^2}{n}} = \frac{\sigma}{\sqrt{n}},$$

und je größer die Zahl n ist, desto besser ist die risikomindernde Wirkung der Diversifikation.

In der Realität kann man freilich nicht annehmen, dass die Ausfälle verschiedener Kreditnehmer*innen mathematisch unabhängig sind: Es wird oft wirtschaftliche Verflechtungen geben, oder eine gemeinsame Abhängigkeit von externen wirtschaftlichen Faktoren (z. B. vom Ölpreis). Es liegt also nahe,

- eine Kovarianzmatrix (Korrelationen zwischen den einzelnen Kreditnehmern) zu schätzen
- und mithilfe einer Copula eine gemeinsame Verteilung der Ausfallrisiken zu modellieren.

2.11.2 Weltweiter Vertrieb von US-Immobilienkrediten

Der Diversifikationseffekt ist umso größer, je breiter gestreut ein Kreditportfolio ist, d. h. je mehr unabhängige (oder zumindest schwach korrelierte) Einzelkredite es enthält.

Es ist also an sich sinnvoll, möglichst viele möglichst „weit voneinander entfernte" Darlehen zu vergeben, und wenn man „weit entfernt" wörtlich (also geografisch) versteht, dann erscheint ein Kreditengagement europäischer Banken am US-Immobilienmarkt durchaus wünschenswert, umso mehr, als Immobilienkredite (in der Regel) mit der Immobilie hypothekarisch besichert sind (d. h., bei einem Ausfall der Kreditnehmer*in wird die Immobilie verkauft, und der Erlös wird zur Tilgung des Darlehens verwendet).

Das „Abwicklungsproblem" bei einem solchen Kreditengagement besteht darin, dass heimische Banken ja (in der Regel) keinen direkten Zugang zum Markt für amerikanische Immobilienkredite haben.

Für dieses „Abwicklungsproblem" fand die findige Finanzindustrie rasch eine Lösung: Ebenso wie ein großes Darlehen in Form einer Anleihe aufgenommen werden kann (typischerweise mit dem Zweck, dass viele Investor*innen sich das „in Wertpapiere gestückelte" Risiko teilen und gegebenenfalls auch wieder weiterreichen können, durch den Weiterverkauf der Wertpapiere), kann auch ein Kreditportfolio in eine Anleihe verpackt werden, deren Zinszahlungen aus dem zugrunde liegenden Portfolio ermittelt werden. Diese Verpackung in Wertpapiere (die in der Regel komplizierter gestaltet sind als „normale" Anleihen) nennt man Verbriefung (Securitisation); die Wertpapiere selbst nennt man Asset Backed Securities.

Es gibt aber noch ein „Marketingproblem": Die potenziellen Investor*innen (Kreditgeber) in diese Asset Backed Securities haben ja keine genauen Informationen über die zugrunde liegenden Kreditportfolios und wollen (in der Regel) nicht „die Katze im Sack" kaufen.

Auch für dieses „Marketingproblem" gab es die passende Lösung: Die internationalen Ratingagenturen führten Analysen solcher Verbriefungen durch und vergaben dann Ratings (im Wesentlichen: Einschätzung des Risikos) für die entsprechenden Wertpapiere, auf die die Investor*innen vertrauten.

Leider ist die Bonität in manchen Portfolios beim besten Willen nicht ausreichend, um ein Toprating vergeben zu können – jedenfalls dann nicht, wenn alle Investor*innen in gleicher Weise das Risiko tragen: Aber mit der Tranchierung der Portfoliorisiken in risikomäßig sehr ungleiche Teile wird es möglich, zumindest Teilen (Tranchen) die höchsten Ratings zu geben. Diese sogenannten CDOs (Collateralized Debt Obligations) können beliebig kompliziert gestaltet sein, wir betrachten hier nur ein stark vereinfachtes Beispiel zur Illustration.

Beispiel 2.11.2 (CDO, stark vereinfacht) Ein Kreditportfolio von $n = 100$ unabhängigen einzelnen Darlehen, alle mit Darlehenssumme 10 Mio. (also Gesamtsumme 1 Mrd.) könnte folgendermaßen in zwei gleich große Tranchen mit je 500 Mio. Darlehensvolumen zerlegt werden:

- Der risikoreiche Teil (First Loss Piece) übernimmt Verluste aus den ersten fünf Ausfällen zur Gänze, die Verluste aus allen weiteren Ausfällen werden 50:50 geteilt mit dem …
- …risikoarmen Teil (Senior Tranche) (der also vor den ersten fünf Ausfällen „geschützt" ist).

Um die Risiken für diese Tranchen genau zu quantifizieren, müssten wir natürlich die **guv**-Verteilungen der einzelnen Darlehen kennen – aber qualitativ ist klar, dass die Senior Tranche ein wesentlich geringeres Kreditrisiko aufweist als das First Loss Piece.

2.11.3 Eine Ursache (unter anderen) der Finanzkrise

Bei geeignet gewählter Modellierung war es nun für die Ratingagenturen möglich, einzelnen Tranchen von CDOs gute und sehr gute Ratings zuzuordnen: Damit war das „Marketingproblem" zufriedenstellend gelöst (aus Sicht der Verkäufer der CDOs).

Mit dem weltweiten Vertrieb solcher CDO-Tranchen waren aber Probleme verbunden, die nicht sofort sichtbar wurden:

- Modellrisiko: Die mathematischen Modelle, die die Grundlage der Risikoanalysen bildeten, waren (naturgemäß) stark von den Inputparametern (insbesondere Korrelationen und Copulas) abhängig, sodass der Output innerhalb einer großen Bandbreite „steuerbar" war.

- Know-how-Mangel: Die Finanzprodukte (CDOs) waren so kompliziert, dass selbst professionelle Investor*innen sie nicht immer genau verstanden (geschweige denn die mathematischen Analysen, die den Risikoschätzungen zugrunde lagen): Investitionsentscheidungen wurden daher oft nur aufgrund der Ratings gefällt.
- Interessenkonflikt: Für die Ratingagenturen waren CDO-Analysen ein lukratives Geschäft, das natürlich umso besser lief, je besser die Ratings ausfielen.

Als Probleme mit US-amerikanischen Immobilienkrediten ruchbar wurden (durch sinkende Immobilienpreise wurden die hypothekarischen Sicherheiten für die Darlehen entwertet, zugleich konnten Kreditnehmer durch Besonderheiten im US-Recht von den Krediten zurücktreten), wurde rasch klar, dass Modellannahmen (Korrelationen, Gauß-Copula) für die zugrunde liegenden Kreditportfolios viel zu optimistisch gewählt waren (Modellrisiken in Verbindung mit Interessenskonflikten).

Da die Investor*innen die Risikosituation nicht gut einschätzen konnten (Knowhow-Mangel), versuchten sie, die „toxischen"[26] Wertpapiere möglichst rasch loszuwerden, was einen markanten Preisverfall auslöste: Der Markt für CDOs brach ein.

Die unklare Situation führte zu erhöhter Vorsicht (um nicht zu sagen: Misstrauen), sodass der Geldhandel der Banken untereinander stark eingeschränkt war; der daraus resultierende Liquiditätsengpass[27] führte zu weiteren Problemen.

Die im Jahr 2008 ausgebrochene Finanzkrise ist ein komplexes Phänomen, und über ihre Ursachen gibt es viele (teils widerstreitende) Ansichten: Die Meinung, dass die hier (sehr vereinfacht) geschilderten Zusammenhänge zumindest bedeutenden Anteil an den Entwicklungen des Jahres 2008 hatten, wird aber von vielen informierten Beobachter*innen geteilt.

2.12 Rückblick und Ausblick

Ich konnte hier nur einen kurzen Einblick in einige der meistverwendeten finanzmathematischen Begriffe und Ansätze geben (auf die Vorstellung der marktüblichen versicherungsmathematischen Modelle habe ich zum Beispiel ganz verzichtet): Dennoch hoffe ich, dass ich den Leser*innen ein Gefühl für die tatsächliche Verwendung mathematisch-statistischer Konzepte und Methoden in der wirtschaftlichen Praxis vermitteln konnte.

Nach wie vor sorgt die Bank- und Versicherungsbranche jedenfalls für eine stabile Nachfrage nach Mathematikabsolvent*innen mit der Bereitschaft, sich in die praktischen Rahmenbedingungen einzuarbeiten: Wenn ich solche Berufsein-

---

[26] Die Finanzbranche hat wenig Scheu vor drastischen Metaphern.
[27] Also die Schwierigkeit, Zahlungsverpflichtungen einzuhalten (weil man sich plötzlich nicht in der gewohnten Weise jene Beträge ausborgen konnte, die man gerade nicht flüssig – „liquide" – hatte).

steiger*innen auf mögliche Gefahren durch „Missverständnisse an der Schnittstelle Theorie/Praxis" aufmerksam machen konnte, dann hätte ich mehr erreicht, als ich bei den ersten Überlegungen zu diesem Buch zu hoffen wagte.

3 Kombinatorik: Die Kunst, „alles auf einen Blick zu erkennen"

In diesem Kapitel behandle ich die Themen bijektive Kombinatorik, Permutationen, Determinanten, Gitterpunktwege, Lindström-Gessel-Viennot-Involution, Ciglers Hankel-Determinanten, Alternating Sign Matrices und Descending Plane Partitions.

Ich möchte damit einen kurzen Einblick in einen Teil des Fachgebiets Kombinatorik geben, nämlich in die abzählende (insbesondere bijektive) Kombinatorik, der den Leser*innen hoffentlich vermitteln kann, was mir daran so gut gefällt. Dazu werde ich eine kurze Einführung in (grundlegende und etwas fortgeschrittenere) Begriffe geben und die Sache anhand von verschiedenen Beispielen erläutern. Danach möchte ich eine Skizze einer längeren bijektiven Beweisführung präsentieren, mit der ich mich unlängst beschäftigt habe, und zum Abschluss eine bis heute noch nicht ganz zufriedenstellend gelöste Frage vorstellen.

Es gibt viele ausgezeichnete Lehrbücher (nur zum Beispiel: [Cam94, Aig01, BLL98, GKP88, Knu80, Mac16, Sta86]), die sehr viel mehr Material und weitere Details zu den hier vorgestellten Begriffen und Methoden enthalten.

3.1 Bijektive Kombinatorik

3.1.1 Zählen als große Vereinfachung

Für die meisten Menschen ist vermutlich das Zählen der erste Kontakt mit mathematischen Konzepten, und es ist von Anfang an klar, dass der Zweck der Zusammenfassung von vielen einzelnen abgezählten Dingen in einen einzigen Ausdruck (eben die Anzahl der Dinge) in der großen Vereinfachung liegt, die damit erzielt wird:

$$\underbrace{1 + 1 + \cdots + 1}_{n \text{ Summanden}} = n,$$

oder unter Verwendung der mathematischen Summennotation

$$\sum_{i=1}^{n} 1 = n.$$

Wenn wir eine Menge A von n Dingen abzählen, können wir das auch so schreiben:

$$\sum_{a \in A} 1 = n,$$

mit der Vorstellung: Wir nehmen der Reihe nach die Dinge aus A und zählen jedes Mal 1 zur entstehenden Summe dazu.

Ganz offensichtlich ist in allen drei Schreibweisen die rechte Seite der Gleichung einfacher, kürzer und kompakter als die linke Seite.

3.1.2 Umkehrung der Vereinfachung (gewissermaßen)

Vereinfachung ist ja ein zentrales Motiv in vielen mathematischen Überlegungen und Argumentationen, ganz im Sinne des Albert Einstein zugeschriebenen Zitats

> Man muß die Dinge so einfach wie möglich machen. (Mit dem launigen Zusatz: „Aber nicht einfacher!")

Oft erweist es sich jedoch als nützlich, etwas Einfaches komplizierter (scheinbar sogar zu kompliziert) hinzuschreiben, um eine Einsicht zu gewinnen: Zum Beispiel würde man den Ausdruck

$$f(z) = \frac{1}{1-z} + \frac{1}{1-2z} + \frac{1}{1-3z} + \frac{1}{1-4z} + \frac{1}{1-5z} \tag{3.1}$$

normalerweise auf gleichen Nenner bringen und zur rationalen Funktion

$$f(z) = \frac{-274z^4 + 450z^3 - 255z^2 + 60z - 5}{(z-1)(2z-1)(3z-1)(4z-1)(5z-1)} \tag{3.2}$$

zusammenfassen[1], aber die Entwicklung von $f(z)$ in eine Taylor-Reihe (um 0 für $|z| < \frac{1}{5}$)

$$f(z) = \sum_{z=0}^{\infty} \left(1^n + 2^n + 3^n + 4^n + 5^n\right) z^n \tag{3.3}$$

---

[1] Da kann man natürlich darüber streiten, ob das wirklich einfacher ist.

3.1 Bijektive Kombinatorik

ist aus der Darstellung als Summe (3.1) (also aus der Partialbruchzerlegung von $f(z)$) viel leichter ablesbar (Stichwort geometrische Reihe) als aus der Darstellung (3.2) von $f(z)$ als rationale Funktion.

Viele Überlegungen der bijektiven Kombinatorik beginnen gewissermaßen damit, die Vereinfachung durch Abzählen umzukehren; also in einer gegebenen Zahl das Ergebnis der Abzählung einer Menge kombinatorischer Objekte zu erkennen. Ein Beispiel soll klar machen, wie das gemeint ist:

Definition 3.1.1 (Binomialkoeffizienten) Für jede endliche Menge M bezeichne $\#(M)$ die Kardinalität von M (also die Anzahl der Elemente in M). Wir führen für die Menge der ersten n positiven ganzen Zahlen die Abkürzung

$$[n] := \{1, 2, \ldots, n\}$$

ein, und für die Familie[2] aller k-elementigen Teilmengen (das sind kombinatorische Objekte „par excellence"par excellence") von $[n]$ das Symbol

$$\binom{[n]}{k} := \{T \subseteq [n] : \#(T) = k\}.$$

Dann ist der Binomialkoeffizient $\binom{n}{k}$ definiert als die Anzahl von $\binom{[n]}{k}$, also

$$\binom{n}{k} = \#\left(\binom{[n]}{k}\right) = \sum_{s \in \binom{[n]}{k}} 1.$$

In leichter Verallgemeinerung können wir statt $[n]$ eine beliebige n-elementige Menge M betrachten, und die Familie der k-elementigen Teilmengen von M mit $\binom{M}{k}$ bezeichnen, dann gilt natürlich genauso

$$\binom{n}{k} = \#\left(\binom{M}{k}\right) = \sum_{s \in \binom{M}{k}} 1.$$

Für $0 \leq k \leq n \in \mathbb{N}$ bezeichnet das Symbol $\binom{n}{k}$ also immer eine natürliche Zahl, und es ist eine bekannte Tatsache, dass diese Zahl als Bruch von Faktoriellen gegeben ist:

$$\forall k, n \in \mathbb{N}; 0 \leq k \leq n : \binom{n}{k} = \frac{n!}{k!\,(n-k)!}.$$

Um nun die Nützlichkeit der Sichtweise

---

[2] Nur zwecks Vermeidung sprachlich unschöner Wortwiederholungen bezeichnen wir Mengen synonym auch als Familien.

Zahl = Anzahl einer Familie kombinatorischer Objekte

zu illustrieren, betrachten wir die Chu-Vandermonde-Identität: Für deren Beweis werden wir die Zahlen $\binom{n}{k}$ als Anzahl der Familie aller k-elementigen Teilmengen von $[n]$ deuten.

Satz 3.1.1 (Chu-Vandermonde-Identität) Für alle positiven ganzen Zahlen k, m, n gilt:

$$\sum_{j \geq 0} \binom{m}{j}\binom{n}{k-j} = \binom{m+n}{k}. \tag{3.4}$$

Beweis Als Erstes beobachten wir: Auf der linken Seite der Gl. (3.4) steht eine nur scheinbar unendliche Summe, denn es gilt (definitionsgemäß)

$$\binom{n}{k} = 0, \text{ falls } k < 0 \text{ oder } k > n,$$

es gilt also (durch Weglassen aller Summanden null)

$$\sum_{j \geq 0} \binom{m}{j}\binom{n}{k-j} = \sum_{j=\max(0,k-n)}^{\min(m,k)} \binom{m}{j}\binom{n}{k-j}.$$

Den Binomialkoeffizienten auf der rechten Seite der Gl. (3.4) „sehen" wir als Abzählung aller k-elementigen Teilmengen einer Vereinigungsmenge $A \cup B$ zweier disjunkter Mengen A und B (d.h. $A \cap B = \emptyset$) mit $\#(A) = m$ und $\#(B) = n$, also $\#(A \cup B) = m + n$:

$$\binom{m+n}{k} = \sum_{T \in \binom{A \cup B}{k}} 1.$$

Wenn wir uns die Elemente aus A blau und die aus B rot gefärbt denken, dann besteht jede Teilmenge $T \subseteq A \cup B$ mit $\#(T) = k$ aus

- einer gewissen Teilmenge von blauen Elementen aus A; bezeichne $j = \#(A \cap T)$ deren Anzahl,
- und einer gewissen Teilmenge von roten Elementen aus B; mit der eben gewählten Bezeichnung j muss deren Anzahl $\#(B \cap T)$ dann gleich $(k - j)$ sein.

Für jedes feste j liefert das Produkt $\binom{m}{j}\binom{n}{k-j}$ genau die Anzahl aller Möglichkeiten, eine solche k-elementige Teilmenge aus j blauen und $(k - j)$ roten Elementen zusammenzusetzen:

$$\binom{m}{j}\binom{n}{k-j} = \left(\sum_{A' \in \binom{A}{j}} 1\right) \cdot \left(\sum_{B' \in \binom{B}{k-j}} 1\right)$$
$$= \sum_{(A',B') \in \binom{A}{j} \times \binom{B}{k-j}} 1 \cdot 1.$$

Klarerweise kann die Anzahl $j = \#(A \cap T)$ die Werte $0, 1, \ldots, k$ annehmen (genauer besehen eigentlich nur Werte $\max(0, k - n) \le j \le \min(m, k)$): Wir erkennen also, dass die linke Seite von (3.4) eine „nach der Anzahl $j = \#(T \cap A)$ gegliederte" Abzählung derselben Familie kombinatorischer Objekte ist, die durch die rechte Seite abgezählt wird:

$$\binom{A \cup B}{k} = \bigcup_{j=0}^{k} \{T \subseteq (A \cup B) : \#(T) = k \text{ und } \#(A \cap T) = j\}$$
$$= \bigcup_{j=0}^{k} \left(\binom{A}{j} \times \binom{B}{k-j}\right).$$

□

Warum nennt man diese Art kombinatorischer Überlegungen „bijektiv"? Wir können den hier präsentierten Beweis für die Chu-Vandermonde-Identität auch so beschreiben: Wir haben eine Bijektion φ

$$\varphi : \binom{A \cup B}{k} \to \bigcup_{j=0}^{k} \left(\binom{A}{j} \times \binom{B}{k-j}\right)$$

zwischen zwei Familien kombinatorischer Objekte konstruiert und dadurch erkannt, dass diese zwei Familien gleichmächtig sind.

Ein bisschen lockerer ausgedrückt, haben wir in diesem Beispiel einfach „gesehen", dass die linke und die rechte Seite der Identität (3.4) dieselbe Menge von kombinatorischen Objekten (hier: Teilmengen) abzählen, die nur unterschiedlich dargestellt sind (auf der rechten Seite: Durch eine Vereinigungsmenge von Paaren von „blauen und roten" Teilmengen).

3.1.3 Kombination mit Erkenntnissen aus anderen mathematischen Gebieten

Kombinatorik ist eingebettet in die anderen mathematischen Gebiete und verwendet natürlich deren Begriffe, Techniken und Sätze, wann immer das sinnvoll erscheint.

Insbesondere kann in der Kombinatorik nicht immer alles durch Bijektionen bewerkstelligt werden, manchmal muss man auch durchaus rechnen. Ich möchte diese Verbindung zwischen Kombinatorik und anderen Gebieten zunächst anhand des Polynomarguments (aus der Algebra) illustrieren.

Definition 3.1.2 (Polynom, Polynomfunktion, Nullstelle) Ein Polynom $p(z)$ in einer Variable z über dem Körper $\mathbb{C}$ der komplexen Zahlen ist

- entweder das Nullpolynom $p \equiv 0$, dessen Grad als $\deg(p) = -\infty$ definiert ist,
- oder es hat Grad $\deg(p) = n \geq 0$; dann ist es (definitionsgemäß) eine endliche Summe der Gestalt

$$p(z) = p_0 \cdot z^0 + p_1 \cdot z^1 + \cdots + p_n \cdot z^n = p_0 + p_1 \cdot z + \cdots + p_n \cdot z^n,$$

wobei $p_0, p_1, \ldots, p_n \in \mathbb{C}$ und $p_n \neq 0$ gilt.

Wenn $\deg p \geq 0$ gilt, dann heißen die Elemente $p_0, p_1, \ldots, p_n \in \mathbb{C}$ die Koeffizienten von $p(z)$, und die durch angehängte Nullen zu einer unendlichen Folge verlängerte Liste dieser Koeffizienten

$$(p_n)_{n=0}^{\infty} = (p_0, p_1, \ldots, p_n, 0, 0, 0, \ldots)$$

nennt man den Koeffizientenvektor von $p(z)$; für das Nullpolynom ist der Koeffizientenvektor (definitionsgemäß)

$$(0)_{n=0}^{\infty} = (0, 0, 0, \ldots).$$

Die Menge aller Polynome in einer Variable z über $\mathbb{C}$ bezeichnen wir mit $\mathbb{C}[z]$.

Zwei Polynome $p, q \in \mathbb{C}[z]$ sind genau dann gleich, wenn ihre Koeffizientenvektoren (in jeder Komponente) übereinstimmen, und

- die Addition zweier Polynome ist durch die (komponentenweise) Addition der entsprechenden Koeffizientenvektoren definiert, also

$$(a_n)_{n=0}^{\infty} + (b_n)_{n=0}^{\infty} := (a_n + b_n)_{n=0}^{\infty},$$

- die Multiplikation eines Polynoms mit einem Skalar $\lambda \in \mathbb{C}$ ist durch die (komponentenweise) Skalarmultiplikation des entsprechenden Koeffizientenvektors mit λ definiert, also

$$\lambda \cdot (a_n)_{n=0}^{\infty} := (\lambda \cdot a_n)_{n=0}^{\infty}.$$

3.1 Bijektive Kombinatorik

Klarerweise ist $\mathbb{C}[z]$ mit diesen Rechenoperationen ein (unendlichdimensionaler) Vektorraum über $\mathbb{C}$; mit einer auf der Hand liegenden Basis: der Monombasis $(z^n)_{n\geq 0}$ – jedes Polynom ist (definitionsgemäß) eine endliche Linearkombination dieser Basisvektoren.

Es gibt auf $\mathbb{C}[z]$ auch eine Multiplikation: Für zwei Polynome $p, q \in \mathbb{C}[z]$ ist das Produkt $p \cdot q$ definitionsgemäß das Polynom mit dem Koeffizientenvektor (Faltungsprodukt)

$$\left((p \cdot q)_n\right)_{n\geq 0} = \left(\sum_{k=0}^{n} p_k \cdot q_{n-k}\right)_{n\geq 0}.$$

Tatsächlich ist diese Multiplikation kommutativ und assoziativ, sie hat das konstante Polynom $p \equiv 1$ als neutrales Element, sie erfüllt Distributivgesetze in Bezug auf die Addition, und sie ist verträglich mit der Skalarmultiplikation: $\mathbb{C}[z]$ hat also die Struktur einer Algebra[3] über dem Körper $\mathbb{C}$. Insbesondere ist $\mathbb{C}[z]$ ein nullteilerfreier kommutativer Ring mit Einselement, daher bezeichnet man $\mathbb{C}[z]$ auch einfach als Polynomring in der Variable z.

Jedes Polynom $p(z) \in \mathbb{C}[z]$ kann als Funktionsvorschrift einer eindeutigen Funktion

$$p: \mathbb{C} \to \mathbb{C}, z \mapsto p(z)$$

aufgefasst werden, und ein Element $z_0 \in \mathbb{C}$ mit der Eigenschaft

$$p(z_0) = 0$$

nennt man eine Nullstelle von p.

Aus der Definition des Faltungsprodukts erkennt man ohne Weiteres

$$\deg(p \cdot q) = \deg(p) + \deg(q) \tag{3.5}$$

(mit der Konvention $n + (-\infty) = (-\infty) + n = -\infty$ für alle $n \in \mathbb{N} \cup \{-\infty\}$).

Aus dem Divisionsalgorithmus für Polynome folgt sofort:

Proposition 3.1.1 (Division mit Rest für Polynome) Seien $p, q \in \mathbb{C}[z]$ mit $\deg q \geq 0$. Dann gibt es eine eindeutige Darstellung

$$p = s \cdot q + r \text{ mit } \deg r < \deg q. \tag{3.6}$$

Daraus ergibt sich als einfache Folgerung:

---

[3] Rein algebraisch versteht man unter einer Algebra einen Vektorraum mit einem bilinearen (also: distributiven) Produkt, das nicht notwendigerweise ein neutrales Element (Einselement) besitzt oder assoziativ oder kommutativ ist: In dieser streng algebraischen Sichtweise ist $\mathbb{C}[z]$ also eine kommutative Algebra mit einem Einselement.

Korollar 3.1.1 Sei $p \in \mathbb{C}[z]$ ein Polynom mit Grad $\deg p \geq 0$ (d. h., p ist nicht das Nullpolynom). Dann kann p nicht mehr als $\deg p$ paarweise verschiedene Nullstellen haben.

Beweis Wenn z_1 eine Nullstelle von p ist, dann gilt für die Division mit Rest durch das Polynom $(z - z_1)$ vom Grad 1

$$p(z) = s(z) \cdot (z - z_1) + r(z) \text{ mit } \deg r < 1,$$

(d. h.: $r(z)$ ist eine Konstante aus $\mathbb{C}$), aber wegen

$$0 = p(z_1) = s(z_1) \cdot 0 + r(z_1) = r(z_1)$$

folgt $r \equiv 0$, also

$$p(z) = s(z) \cdot (z - z_1).$$

Durch Iteration dieser Überlegung ergibt sich: Wenn es k verschiedene Nullstellen $z_1, z_2, \ldots, z_k$ von p gibt, dann gilt

$$p(z) = (z - z_1) \cdot (z - z_2) \cdots (z - z_k) \cdot t(z)$$

für ein Polynom $t \in \mathbb{C}[z]$ mit $\deg(t) \geq 0$, und aus (3.5) folgt

$$\deg(p) = k + \deg(t) \geq k.$$

□

Bemerkung 3.1.1 Wenn man Nullstellen mit ihrer Vielfachheit zählt, dann kann man die Voraussetzung in Korollar 3.1.1, dass die Nullstellen paarweise verschieden sind, auch weglassen: Aber das benötigen wir für die folgende Überlegung nicht.

Wir wollen nun zeigen, dass die Chu-Vandermonde-Identität viel allgemeiner gilt, dazu interpretieren wir den Binomialkoeffizienten $\binom{n}{k}$ als ein Polynom in der Variable n vom Grad k:

Definition 3.1.3 (Binomialkoeffizient als Polynom) Die bekannte Formel für den Binomialkoeffizienten $\binom{n}{k}$ mit $n, k \in \mathbb{N}$

$$\binom{n}{k} = \begin{cases} \frac{n!}{k! \cdot (n-k)!} & \text{für } 0 \leq k \leq n, \\ 0 & \text{sonst} \end{cases}$$

kann man folgendermaßen äquivalent umschreiben, indem man durch $(n - k)!$ kürzt:

$$\binom{n}{k} = \frac{n \cdot (n-1) \cdot (n-2) \cdots (n-k+1)}{k!}$$

3.1 Bijektive Kombinatorik

In dieser Darstellung erkennt man den Zähler als ein Polynom vom Grad k in der Variable n; mit den k paarweise verschiedenen Nullstellen

$$0, 1, 2, \ldots, k-1.$$

Insbesondere ist $n \cdot (n-1) \cdot (n-2) \cdots (n-k+1) = 0$ für $k > n$, denn dann ist n eine dieser Nullstellen.

Damit erhalten wir sofort die angekündigte Verallgemeinerung der Chu-Vandermonde-Identität:

Satz 3.1.2 (Chu-Vandermonde-Identität) Für alle positiven ganzen Zahlen k und alle komplexen Zahlen x und y gilt:

$$\left(\sum_{j \geq 0} \binom{x}{j}\binom{y}{k-j}\right) - \binom{x+y}{k} = 0. \tag{3.7}$$

Hier ist der Binomialkoeffizient gemäß Definition 3.1.3 als ein Polynom in x bzw. in y bzw. in $(x+y)$ aufzufassen.

Beweis Sei $k > 0$ eine beliebige, aber fest gewählte ganze Zahl, und sei zunächst $y \in \mathbb{N}$ beliebig, aber fest gewählt: Wenn wir x als Variable auffassen, dann ist die linke Seite von (3.7) (gemäß Definition 3.1.3) ein Polynom in x vom Grad $\leq k$, mit den unendlich vielen Nullstellen

$$0, 1, 2, \ldots$$

(gemäß Satz 3.1.1): Dann kann aber gemäß Korollar 3.1.1 der Grad dieses Polynoms nur $-\infty$ sein, das Polynom ist also das Nullpolynom; (3.7) ist also richtig für alle $(x, y) \in \mathbb{C} \times \mathbb{N}$.

Sei nun $x \in \mathbb{C}$ beliebig, aber fest gewählt: Wenn wir y als Variable auffassen, dann ist die linke Seite von (3.7) (gemäß Definition 3.1.3) ein Polynom in y vom Grad $\leq k$, mit den unendlich vielen Nullstellen

$$0, 1, 2, \ldots$$

(wie wir gerade gezeigt haben). Wie zuvor kann der Grad dieses Polynoms nur $-\infty$ sein, das Polynom ist also das Nullpolynom, und das bedeutet zusammengefasst: Für ein beliebiges Zahlenpaar $(x, y) \in \mathbb{C} \times \mathbb{C}$ ist (3.7) richtig. □

3.1.4 Formale Potenzreihen

Man kann die Definition 3.1.2 von Polynomen rein algebraisch (also ohne Konvergenzfragen für analytische Funktionen zu betrachten) weiter fassen und sozusagen „Polynome unendlichen Grades" betrachten:

Definition 3.1.4 (Formale Potenzreihe) Sei z eine Variable, und sei $(f_n)_{n \in \mathbb{N}}$ eine Folge komplexer Zahlen: Die unendliche Reihe

$$f(z) = \sum_{n=0}^{\infty} f_n \cdot z^n$$

nennen wir eine formale Potenzreihe. „Formal" soll bedeuten, dass wir $f(z)$ nicht als wirkliche Summe ansehen, deren Konvergenz zu prüfen wäre, sondern als eine intuitive Schreibweise für die zugrunde liegende Folge der Koeffizienten $(f_n)_{n=0}^{\infty}$: Addition, Skalarmultiplikation und Multiplikation sind für formale Potenzreihen ganz genauso definiert wie für Polynome, als Rechenoperationen auf (unendlichdimensionalen) Koeffizientenvektoren.

Ein prominentes Beispiel einer formalen Potenzreihe ist die Binomialreihe:

Definition 3.1.5 (Binomialreihe) Für beliebiges $\alpha \in \mathbb{C}$ ist die Binomialreihe $(1+z)^\alpha$ durch die folgende formale Potenzreihe definiert:

$$(1+z)^\alpha := \sum_{n=0}^{\infty} \binom{\alpha}{n} z^n.$$

Hier ist $\binom{\alpha}{n} = \frac{\alpha \cdot (\alpha-1) \cdots (\alpha-n+1)}{n!}$, gemäß Definition 3.1.3.

Die abkürzende Schreibweise $(1+z)^\alpha$ für diese formale Potenzreihe hat natürlich mit dem binomischen Lehrsatz zu tun.

Aus der allgemeinen Chu-Vandermonde-Identität (3.7) ergibt sich nun ohne Weiteres folgender Satz:

Proposition 3.1.2 Für zwei beliebige komplexe Zahlen $\alpha, \beta \in \mathbb{C}$ gilt:

$$(1+z)^\alpha \cdot (1+z)^\beta = (1+z)^{\alpha+\beta}. \tag{3.8}$$

3.1 Bijektive Kombinatorik

Beweis Der Koeffizient von z^n auf der linken Seite von (3.8) ist (definitionsgemäß)

$$\sum_{k=0}^{n} \binom{\alpha}{k} \cdot \binom{\beta}{n-k}. \leftarrow \text{[Faltungsprodukt]}$$

Der Koeffizient von z^n auf der rechten Seite von (3.8) ist (definitionsgemäß)

$$\binom{\alpha + \beta}{n}.$$

Gemäß der verallgemeinerten Chu-Vandermonde-Identität (3.7) stimmen diese Koeffizienten für alle $n \in \mathbb{N}$ überein. □

Wenn man (3.8) oberflächlich betrachtet, könnte man sagen: Das ist ja nur die aus der Schule bekannte Regel für das Potenzieren! Ja, aber nur für $\alpha, \beta \in \mathbb{N}$: Für eine analytische Herleitung der vollen Aussage von Proposition 3.1.2 würde man die (komplexe) Exponentialfunktion und den (komplexen) Logarithmus für die Definition der allgemeinen Potenzfunktion verwenden, während wir hier einfach nur „formal gerechnet" haben.

Weil wir gerade die Exponentialfunktion erwähnt haben: Die Exponentialreihe ist ein weiteres prominentes Beispiel für eine formale Potenzreihe.

Definition 3.1.6 (Exponentialreihe) Für $\alpha \in \mathbb{C}$ beliebig ist die Exponentialreihe $\exp(\alpha z)$, die man auch in der Form $e^{\alpha z}$ schreibt, durch die folgende formale Potenzreihe definiert:

$$\left(\exp(\alpha z) = e^{\alpha z}\right) := \sum_{n=0}^{\infty} \frac{\alpha^n}{n!} z^n.$$

Die Bezeichnung und die abkürzende Schreibweise $\exp(\alpha z)$ für diese formale Potenzreihe kommt natürlich daher, dass sie der bekannten Entwicklung der analytischen Exponentialfunktion in eine Taylor-Reihe entspricht.

Durch einfaches (formales) Rechnen ergibt sich jetzt auch die Funktionalgleichung der Exponentialreihe:

Proposition 3.1.3 (Funktionalgleichung der Exponentialreihe) Für zwei beliebige komplexe Zahlen $\alpha, \beta \in \mathbb{C}$ gilt:

$$\exp(\alpha z) \cdot \exp(\beta z) = \exp((\alpha + \beta) z). \tag{3.9}$$

Beweis Das Produkt der Exponentialreihen auf der linken Seite ist definitionsgemäß das Faltungsprodukt, also rechnen wir einfach

$$\exp(\alpha z) \cdot \exp(\beta z) = \sum_{n \geq 0} \left(\sum_{k=0}^{n} \frac{\alpha^k}{k!} \frac{\beta^{n-k}}{(n-k)!} \right) \cdot z^n \leftarrow \text{[Faltungsprodukt]}$$

$$= \sum_{n \geq 0} \left(\sum_{k=0}^{n} \frac{n! \alpha^k \beta^{n-k}}{k!(n-k)!} \right) \cdot \frac{z^n}{n!} \leftarrow \text{[Bruch erweitern]}$$

$$= \sum_{n \geq 0} \left(\sum_{k=0}^{n} \binom{n}{k} \alpha^k \beta^{n-k} \right) \cdot \frac{z^n}{n!} \leftarrow \text{[Binomialkoeffizient]}$$

$$= \sum_{n \geq 0} (\alpha + \beta)^n \cdot \frac{z^n}{n!} \leftarrow \text{[Binomischer Lehrsatz]}$$

Die letzte Reihe in dieser Kette von Umformungen ist definitionsgemäß die Exponentialreihe $\exp((\alpha + \beta) z)$. □

Analytiker*innen werden angesichts dieser Rechnungen vielleicht einwenden, dass wir hier nirgends die Konvergenz der Exponentialreihe verwendet haben: Das ist aber gerade der Witz der formalen (also rein rechnerisch-algebraischen) Betrachtungsweise, dass Konvergenz keine Rolle spielt – im Kalkül der formalen Potenzreihen kann man auch Reihen betrachten, die (analytisch gesehen) Konvergenzradius null haben.

Haben mich diese „rein algebraischen" Rechenbeispiele von meinem Ziel abgebracht, die bijektive Kombinatorik vorzustellen? Nur scheinbar: Die Rechenoperationen im Kalkül der formalen Potenzreihen entsprechen „kombinatorischen Operationen", und eine Bijektion zwischen zwei Familien kombinatorischer Objekte, die (auf verschiedene Arten) durch solche „kombinatorische Operationen" konstruiert werden können, übersetzt sich direkt in eine Identität für die entsprechenden Potenzreihen. Für eine exakte Darstellung dieser geradezu wunderbaren Entsprechung zwischen Rechenoperationen und kombinatorischen Operationen siehe [BLL98]; im Rahmen des vorliegenden Buches ist dafür leider kein Platz.

Als weiteres Beispiel für ein bijektives Beweisargument betrachten wir den wohlbekannten binomischen Lehrsatz, den wir gerade verwendet haben, um die Funktionalgleichung für die Exponentialreihe herzuleiten.

Satz 3.1.3 (Binomischer Lehrsatz) Für alle $n \in \mathbb{N}$ und $\alpha, \beta \in \mathbb{C}$ gilt

$$(\alpha + \beta)^n = \sum_{k=0}^{n} \binom{n}{k} \alpha^k \beta^{n-k}. \tag{3.10}$$

Ein einfacher bijektiver Beweis für diesen wohlbekannten Lehrsatz lautet so:

Beweis Wenn wir das Produkt der n Binome $(\alpha + \beta)$

$$(\alpha + \beta)^n = \underbrace{(\alpha + \beta) \cdot (\alpha + \beta) \cdots (\alpha + \beta)}_{n \text{ Faktoren}} \qquad (3.11)$$

einfach „distributiv ausmultiplizieren", dann müssen wir aus jedem der n Binome entweder α oder β auswählen und diese ausgewählten Zahlen miteinander multiplizieren.

Wenn diese Auswahl genau k-mal α enthält (und daher $(n-k)$-mal β), dann erhalten wir das Produkt $\alpha^k \beta^{n-k}$ (wenn man genau ist: Durch Anwendung des Kommutativgesetzes für die Multiplikation). Daraus folgt bereits, dass das Ergebnis des „distributiven Ausmultiplizierens" eine Summe von Summanden der Gestalt $\alpha^k \beta^{n-k}$ ist, für $k = 0, 1, \ldots n$.

Es bleibt also nur mehr die Frage, wie oft diese Summanden $\alpha^k \beta^{n-k}$ hier vorkommen: Klarerweise ist das gleich der Anzahl der verschiedenen Möglichkeiten, von den insgesamt n Binomen in (3.11) genau k auszuwählen, die einen Faktor α beisteuern (d. h., die anderen Binome steuern einen Faktor β bei). Die Anzahl dieser Möglichkeiten ist also die Anzahl der k-elementigen Teilmengen einer n-elementigen Menge, und das ist der Binomialkoeffizient $\binom{n}{k}$. □

Das war zwar kombinatorisch, aber wo war die Bijektion? Unser Argument lief darauf hinaus, alle 2^n Summanden zu betrachten, die beim distributiven Ausmultiplizieren von n Binomen auftreten, und jedem dieser Summanden bijektiv eine der 2^n Teilmengen von $[n]$ zuzuordnen, zum Beispiel (für $n = 5$)

$$\alpha \cdot \beta \cdot \beta \cdot \alpha \cdot \alpha \mapsto \{1, 4, 5\} \in [5],$$

weil α aus dem ersten, vierten und fünften Binom ausgewählt wurde (und β aus dem zweiten und dritten). Abgeschlossen wurde unser Argument dadurch, dass alle Summanden, denen eine k-elementige Teilmenge zugeordnet wurde, gleich $\alpha^k \beta^{n-k}$ sind.

3.2 Partitionen (von natürlichen Zahlen)

Der folgende Begriff (nicht zu verwechseln mit der Partition einer Menge) hat eine einfache Definition, liegt aber einer enormen Fülle von interessanten und tiefliegenden Einsichten zugrunde (siehe etwa [And84]); ich möchte ihn in der Folge auch für eine weitere Illustration der Nützlichkeit von formalen Potenzreihen verwenden:

Definition 3.2.1 (Partition) Eine Partition einer nichtnegativen ganzen Zahl n ist eine Darstellung von n als eine Summe positiver ganzer Zahlen

$$n = \lambda_1 + \lambda_2 + \cdots + \lambda_k$$

mit $\lambda_1 \geq \lambda_2 \geq \cdots \geq \lambda_k > 0$. Wir schreiben das in Form eines k-Tupels (also einer Liste der Länge k)

$$\lambda = (\lambda_1, \lambda_2, \ldots, \lambda_k).$$

In dem Zusammenhang heißt k die Länge der Partition, und die Zahlen λ_i heißen die Teile der Partition Wenn λ eine Partition von n ist, schreiben wir das als $\lambda \vdash n$.

Für viele Überlegungen ist die Visualisierung von Partitionen als Ferrers Diagramm sehr hilfreich: Für eine Partition $\lambda = (\lambda_1 \geq \lambda_2 \geq \cdots \geq \lambda_k)$ mit k Teilen zeichnet man k linksbündige Zeilen von Kästchen, wobei die i-te Zeile (von oben gezählt) genau λ_i Kästchen enthält. Ein Bild macht sofort klar, wie das gemeint ist, siehe Abb. 3.1.

Nur als kleines Beispiel für die Nützlichkeit dieser Visualisierung stelle ich hier den Begriff konjugierte Partition vor, der in vielen interessanten Betrachtungen zu Partitionen eine Rolle spielt:

Definition 3.2.2 Sei $\lambda = (\lambda_1, \ldots, \lambda_m)$ eine Partition von $n \in \mathbb{N}$. Dann ist die konjugierte Partition λ' von λ definiert durch

$$\left(\lambda'_j\right)_{j=1}^{\lambda_1} \quad \text{wobei } \lambda'_j := \#(\{\lambda_i : \lambda_i \geq j\}).$$

Diese Definition wirkt etwas sperrig und schwer verständlich? Mit Ferrers Diagrammen kann man dasselbe ganz einfach ausdrücken: Das Ferrers Diagramm von λ' ist das an der Diagonalen $y = -x$ gespiegelte Ferrers Diagramm von λ. Damit wird auch sofort klar:

$$\left(\lambda'\right)' = \lambda.$$

Die Partitionsfunktion $p: \mathbb{N} \to \mathbb{N}$ ordnet jedem $n \in \mathbb{N}$ die Anzahl aller Partitionen von n zu: Die Zahlenfolge $(p(n))_{n=0}^{\infty}$ ist sehr interessant und (spätestens)

Abb. 3.1 Ferrers Diagramm für die Partition $\lambda = (7, 7, 4, 4, 4, 3, 2, 2, 1)$

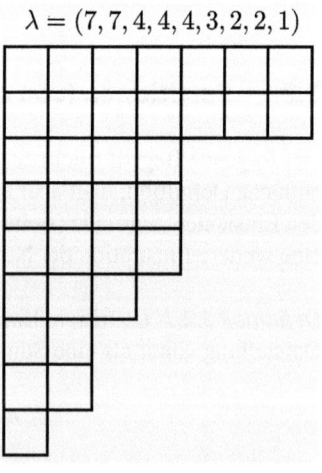

seit Leonhard Euler Gegenstand von vielen Untersuchungen. Das Buch von George Andrews [And84] enthält eine große Fülle an Material dazu, und die „on-line encyclopedia of integer sequences"[4] liefert dazu mehrere Seiten mit Referenzen.

Beispiel 3.2.1 Die ersten fünf Werte von $p(n)$ sind:

$$p(0) = 1 : 0 = \sum_{i=1}^{0} \lambda_i, \leftarrow \text{[leere Summe]}$$
$$p(1) = 1 : 1 = (1),$$
$$p(2) = 2 : 2 = (2) = (1+1),$$
$$p(3) = 3 : 3 = (3) = (2+1) = (1+1+1),$$
$$p(4) = 5 : 4 = (4) = (3+1) = (2+2) = (2+1+1) = (1+1+1+1).$$

Die nächsten Werte lauten 7, 11, 15, 22, 30, 42, 56, 77, 101, 135.

Die Folge wächst sehr schnell, z. B. ist $p(100) = 190.569.292$.

Es gibt für $p(n)$ keine einfache, geschlossene Formel. Wenn man mit $p(n, k)$ die Anzahl der Zahlpartitionen von n bezeichnet, deren größter Teil kleiner als oder gleich k ist, dann gilt folgende Rekursion:

$$p(n, 0) = \delta_{n,0}, \text{ (d.h. 1 für } n = 0, \text{ sonst 0)}$$
$$p(n, 1) = 1 \text{ für alle } n,$$
$$p(n, k) = p(n) \text{ für } k \geq n,$$
$$p(n, k) = \sum_{j=1}^{k} \sum_{i=1}^{\lfloor n/j \rfloor} p(n - i \cdot j, j - 1). \tag{3.12}$$

Mit einem kleinen Computerprogramm kann man also die Werte von $p(n)$ für alle $n \leq N$ leicht ausrechnen – aber natürlich nur, wenn N nicht zu groß ist.

3.3 Erzeugende Funktionen

Formale Potenzreihen (siehe Definition 3.1.4) sind ein überaus mächtiges Hilfsmittel bei vielen Abzählproblemen, bei denen für alle natürlichen Zahlen n die Anzahl c_n aller „kombinatorischen Objekte mit Kennzahl n" bestimmt werden soll (also zum Beispiel die Anzahl aller Partitionen von n). Dabei deutet man die Zahlenfolge $(c_n)_{n=0}^{\infty}$ einfach als Folge der Koeffizienten einer formalen Potenzreihe

$$c(z) := \sum_{n=0}^{\infty} c_n \cdot z^n,$$

---

[4] Siehe https://oeis.org/ Index A000041.

die man in diesem Zusammenhang als erzeugende Funktion der Zahlenfolge (bzw. der betrachteten „kombinatorischen Objekte") bezeichnet.

Beim ersten Hinsehen ist natürlich nicht klar, was das bringen soll: Tatsächlich gibt es aber unzählige Beispiele dafür, wie nützlich diese einfache Idee für komplizierte Fragestellungen ist (Herbert Wilf hat dem Thema ein Buch [Wil94] mit dem lustigen Titel „generatingfunctionology" gewidmet). Ein besonders interessantes Beispiel möchte ich im folgenden Unterabschnitt präsentieren.

3.3.1 Die erzeugende Funktion der Partitionen

Es gibt keine einfache geschlossene Darstellung für die Zahlenfolge $(p(n))_{n=0}^{\infty}$, aber die erzeugende Funktion dieser Folge können wir sehr kompakt als ein unendliches Produkt schreiben, wie Leonhard Euler [Eul53] bereits 1753 herausgefunden hat:

Satz 3.3.1 (Ein Satz von Euler) Für die erzeugende Funktion der Partitionsfunktion $p(n)$ gilt folgende Darstellung:

$$\sum_{n=0}^{\infty} p(n) \cdot z^n = \prod_{i=1}^{\infty} \frac{1}{1-z^i}. \tag{3.13}$$

Beweis Um diese erstaunliche Identität einzusehen, betrachten wir zunächst eine andere (aber äquivalente) Darstellung einer Partition $\lambda = (\lambda_1, \lambda_2, \ldots, \lambda_k)$, nämlich als eine (nun bei 1 beginnende) unendliche Folge natürlicher Zahlen, die aber nur endlich viele Glieder ungleich null hat:

$$\lambda = (\alpha_i)_{i=1}^{\infty},$$

wobei $\alpha_i = \#(\{\lambda_j : \lambda_j = i\})$ gilt. Das i-te Folgenglied α_i gibt also an, wie oft der Teil i in der Partition λ vorkommt. Klarerweise können nur endlich viele Folgenglieder ungleich null sein, denn wenn $\lambda \vdash n$ gilt, dann haben wir (definitionsgemäß)

$$n = \sum_{i=1}^{\infty} i \cdot \alpha_i,$$

und umgekehrt können wir jede Folge $(\alpha_i)_{i=1}^{\infty}$ positiver natürlicher Zahlen mit dieser Eigenschaft als eine Partition von n deuten. Formal ausgedrückt: Es gibt eine Bijektion zwischen

- der Menge aller Partitionen von n
- und der Menge aller Folgen $(\alpha_i)_{i=1}^{\infty}$ nichtnegativer ganzer Zahlen mit der Eigenschaft $\left(\sum_{i=1}^{\infty} i \cdot \alpha_i\right) = n$.

Im unendlichen Produkt auf der rechten Seite von (3.13) entwickeln wir nun alle rationalen Funktionen $\frac{1}{1-z^i}$ in geometrische Reihen

$$\prod_{i=1}^{\infty} \frac{1}{1-z^i} = \prod_{i=1}^{\infty} \sum_{\alpha_i=0}^{\infty} \left(z^i\right)^{\alpha_i} = \prod_{i=1}^{\infty} \sum_{\alpha_i=0}^{\infty} z^{i \cdot \alpha_i}$$

und überlegen, dass beim formalen Ausmultiplizieren dieses unendlichen Produkts der Koeffizient von z^n genau die Anzahl aller Folgen $(\alpha_i)_{i=1}^{\infty}$ mit der Eigenschaft $\sum_{i=1}^{\infty} i \cdot \alpha_i = n$ ist – also genau gleich der Anzahl aller Partitionen von n. □

Wer Potenzreihen vor allem aus der Analysis kennt, samt den dort zentralen Konvergenzüberlegungen, darf angesichts dieser kühnen Rechnungen schon ein mulmiges Gefühl haben: Tatsächlich sind diese Rechenschritte aber in dem exakten, rein algebraischen Kalkül der formalen Potenzreihen (dessen genaue Definition ich für die Zwecke dieser kursorischen Darstellung weglasse) alle zulässig. Im obigen Beweis ist es zum Beispiel essenziell, dass für die Bestimmung des Koeffizienten von z^n nur die ersten n Faktoren des Produkts betrachtet werden müssen (und das endliche Produkt $\prod_{i=1}^{n} \frac{1}{1-z^i}$ konvergiert für $|z| < 1$) – für die Berechnung der Koeffizienten treten also immer nur endliche Summen auf, die keine Konvergenzüberlegungen erfordern.

3.4 Plane Partitions und Rhombustilings

Anknüpfend an den Begriff Partition (einer natürlichen Zahl) möchte ich nun ein weiteres Beispiel dafür bringen, wie geeignete Bilder einen komplizierten Sachverhalt „auf einen Blick" klarmachen können:

Definition 3.4.1 Eine Plane Partition[5] π ist einen Anordnung von positiven ganzen Zahlen in den „Kästchen" eines Ferrers Diagramms einer Partition λ, die entlang von Zeilen und Spalten schwach monoton fallend ist, also eine Anordnung von Zahlen der Form

$$\begin{matrix} \pi_{1,1} & \pi_{1,2} & \cdots & & \cdots & \pi_{1,\lambda_1} \\ \pi_{2,1} & \pi_{2,2} & \cdots & & \cdots & \pi_{2,\lambda_2} \\ \cdots & & & & & \\ \pi_{k,1} & \pi_{k,2} & \cdots & \pi_{k,\lambda_k}, & & \end{matrix}$$

wobei gilt:
- $\lambda_1 \geq \lambda_2 \geq \cdots \geq \lambda_k > 0$ (λ ist eine Partition),
- $\pi_{i,j} \geq \pi_{i,j+1}$ für $j = 1, 2, \ldots, \lambda_i - 1$ (Zeilen schwach monoton fallend),
- $\pi_{i,j} \geq \pi_{i+1,j}$ für $i = 1, 2, \ldots, k - 1$ (Spalten schwach monoton fallend).

---

[5] Ich verzichte auf ein Eindeutschen dieses englischen Fachausdrucks.

Für die Summe aller Zahlen $\pi_{i,j}$ einer Plane Partition π schreiben wir $|\pi|$, also

$$|\pi| := \sum_{i=1}^{k} \sum_{j=1}^{\lambda_i} \pi_{i,j},$$

und sagen, dass π eine Plane Partition von n ist, wenn $|\pi| = n$ gilt.

Beispiel 3.4.1 Die folgende Anordnung von Zahlen ist eine Plane Partition π von 22:

$$\pi := \begin{matrix} 5 & 3 & 3 & 1 \\ 4 & 2 & 1 & \\ 3 & & & \end{matrix}$$

Natürlich können wir uns diese Anordnung π mit 3 Zeilen und 4 Spalten so durch Nullen aufgefüllt denken, dass eine 3 × 4-Matrix entsteht:

$$\pi = \begin{matrix} 5 & 3 & 3 & 1 \\ 4 & 2 & 1 & 0 \\ 3 & 0 & 0 & 0 \end{matrix}$$

Wir können uns Plane Partitions aber auch räumlich vorstellen, indem wir uns in jedem Kästchen des Ferrers Diagramms von λ (gemäß Definition 3.4.1) einen „senkrechten Turm" von x Würfeln (mit Seitenlänge gleich der Seitenlänge der Kästchen im Ferrers Diagramm) denken, wenn x die Zahl in dem entsprechenden Kästchen ist; und auch hier können wir uns die Plane Partition wieder durch Nullen aufgefüllt denken (wie in Beispiel 3.4.1), mit entsprechenden „leeren Würfeltürmen" der Höhe null. Alle diese Würfeltürme zusammen nennen wir einen Würfelstapel: Er erscheint als ein räumliches Gebilde über einer rechteckigen Grundfläche mit Seitenlängen, die den Anzahlen von Zeilen bzw. Spalten der entsprechenden (eventuell mit Nullen aufgefüllten) Matrix entspricht. Diese (in Worten vielleicht schwer verständliche) Beschreibung wird sofort klar, wenn man die Bedeutung aus einem Bild auffasst, siehe Abb. 3.2.

Wenn wir uns einen Quader der Höhe $c \in \mathbb{N}$ über der Grundfläche eines solchen Würfelstapels denken, in dem der ganze Stapel „Platz findet" (d.h., die maximale Höhe eines senkrechten Würfelturms ist kleiner als oder gleich c), dann liegt eine Abzählfrage nahe, die MacMahon bereits 1916 beantwortet hat (siehe [Mac16]):

Satz 3.4.1 (MacMahon) Die Anzahl der verschiedenen Würfelstapel, die in einem Quader mit positiven ganzzahligen Seitenlängen a, b und c Platz finden (im Sinne der eben vorgestellten Überlegungen), ist durch das folgende Dreifachprodukt gegeben:

$$\prod_{i=1}^{a} \prod_{j=1}^{b} \prod_{k=1}^{c} \frac{i+j+k-1}{i+j+k-2}. \tag{3.14}$$

3.4 Plane Partitions und Rhombustilings

Gemäß den soeben vorgestellten Überlegungen ist das Dreifachprodukt (3.14) also auch gleich der Anzahl aller Plane Partitions, die einer $a \times b$-Matrix entsprechen, deren größte Eintragung kleiner als oder gleich c ist.

Für den Beweis, den ich für diesen schönen Satz geben möchte, brauchen wir einige Vorbereitungen, davor präsentiere ich aber noch eine weitere Möglichkeit, Plane Partitions zu sehen: Wenn man Abb. 3.2 anschaut, dann erkennt man in der ebenen Zeichnung von Würfelstapeln eine Überdeckung eines Sechsecks mit Rhomben.

Definition 3.4.2 Seien a, b, c drei positive natürliche Zahlen: Ein Sechseck, das lauter identische Innnenwinkel 120° hat und Seitenlängen (im positiven Umlaufsinn) a, b, c, a, b, c hat, nennen wir ein (a, b, c)-Sechseck (siehe das mittlere Bild in Abb. 3.3).

Jedes (a, b, c)-Sechseck wird in natürlicher Weise durch ein dreieckiges Gitter in $2 \cdot (a \cdot b + b \cdot c + c \cdot a)$ gleichseitige Dreiecke zerlegt (siehe wieder das mittlere Bild in Abb. 3.3).

Definition 3.4.3 Ein Rhombus ist (in unserem Zusammenhang hier) ein gleichseitiges Viereck mit Seitenlänge 1 und Innenwinkeln 60°, 120°, 60° und 120° (er besteht also aus zwei gleichseitigen Dreiecken mit Seitenlängen 1, die an einer Seite „zusammengeklebt" sind).

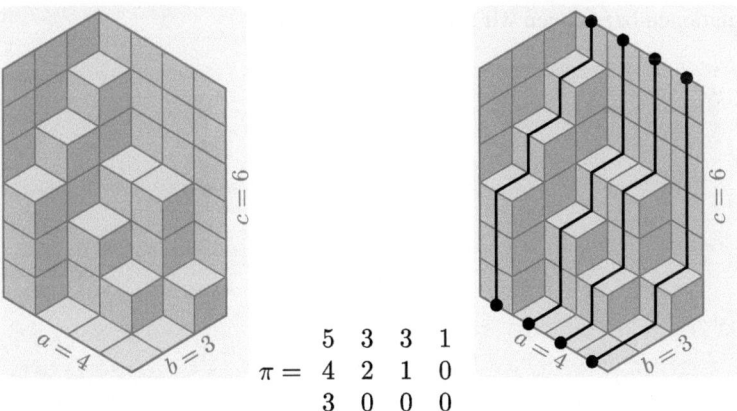

Abb. 3.2 Für die in der Mitte gezeigte Plane Partition π (mit Nullen ergänzt) zeigt das linke Bild den Würfelstapel, der π entspricht: Der Würfelstapel hat eine rechteckige Grundfläche mit Seitenlängen 4 und 3, aber obwohl der höchste Würfelturm nur Höhe 5 hat, ist hier ein Quader mit Höhe 6 über dieser Grundfläche angedeutet. Das rechte Bild zeigt Wege im Raum mit horizontalen und vertikalen Schritten, die diesen Würfelstapel eindeutig codieren; dazu später mehr

Eine vollständige, nichtüberlappende Bedeckung der Fläche eines (a, b, c)-Sechsecks durch $(a \cdot b + b \cdot c + c \cdot a)$ Rhomben nennen wir ein Tiling[6].

Wieder macht ein Blick auf ein Bild sofort klar, wie das gemeint ist, siehe das linke bzw. rechte Bild in Abb. 3.3.

Wir sehen: Würfelstapel, Plane Partitions und Tilings sind drei äquivalente Beschreibungen derselben „kombinatorischen Objekte"; insbesondere gilt also (natürlich):

Korollar 3.4.1 Die Anzahl der Tilings eines (a, b, c)-Sechsecks ist durch MacMahons Dreifachprodukt (3.14) gegeben.

Für den Beweis von MacMahons Formel (3.14) müssen wir, wie gesagt, einiges vorbereiten, und das machen wir in den folgenden Abschnitten.

3.5 Permutationen und vorzeichenumkehrende Involutionen

3.5.1 Permutationen

Definition 3.5.1 Sei M eine Menge. Eine bijektive Funktion

$$\pi : M \to M$$

nennt man eine Permutation von M (oder auf M), und die Familie aller solchen Permutationen bezeichnen wir mit $\mathfrak{S}_M$.

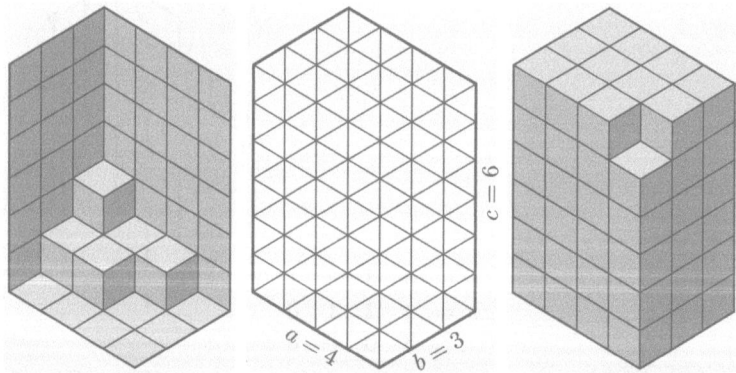

Abb. 3.3 Das mittlere Bild zeigt ein Sechseck mit Seitenlängen $a = 4$, $b = 3$ und $c = 6$, in dem ein Gitter aus $2 \cdot (4 \cdot 3 + 3 \cdot 6 + 4 \cdot 6) = 54$ gleichseitigen Dreiecken mit Seitenlänge 1 eingezeichnet ist. Linkes und rechtes Bild zeigen Tilings dieses Sechsecks mit Rhomben (jeder Rhombus besteht aus zwei an einer Seite „zusammengeklebten" gleichseitigen Dreiecken): Dieses Tiling mit Rhomben erscheint optisch als Würfelstapel, von schräg oben betrachtet

---

[6] Auf Deutsch wäre das „Parkettierung" oder „Kachelung" oder „Pflasterung".

3.5 Permutationen und vorzeichenumkehrende Involutionen

In unserem Zusammenhang betrachten wir immer endliche Mengen M, und da es für die typischen Abzählfragen nur darauf ankommt, wie viele Elemente M hat, ist das meistens die Menge $M = [n] = \{1, 2, \ldots, n\}$: Statt $\mathfrak{S}_{[n]}$ schreiben wir dann einfacher $\mathfrak{S}_n$.

Im Grenzfall $M = \emptyset = [0]$ nehmen wir (konventionsgemäß) an, dass es genau eine Bijektion $\emptyset \to \emptyset$ gibt, d.h.:

$$\#(\mathfrak{S}_0) = 1.$$

Wir fassen wohlbekannte Eigenschaften von $\mathfrak{S}_n$ zusammen:

Proposition 3.5.1 Es gilt

$$\#(\mathfrak{S}_n) = n! := \prod_{i=1}^{n} i,$$

insbesondere also: $0! = 1$.

Die Hintereinanderausführung (auch Komposition oder Zusammensetzung genannt) $\pi \circ \psi$ zweier Funktionen $\pi, \psi \in \mathfrak{S}_n$ ergibt wieder eine bijektive Funktion

$$(\pi \circ \psi)(k) = \pi(\psi(k)),$$

d.h. $\pi \circ \psi \in \mathfrak{S}_n$: Die Hintereinanderausführung $\circ$ ist also eine zweistellige Verknüpfung auf $\mathfrak{S}_n$, mit folgenden Eigenschaften:

1. $\circ$ ist (wie alle Hintereinanderausführungen von Funktionen) assoziativ,
2. die identische Abbildung $id \in \mathfrak{S}_n$

$$id: k \mapsto k \text{ für alle } k \in [n]$$

fungiert als neutrales Element in Bezug auf $\circ$, also

$$id \circ \pi = \pi \circ id = \pi \text{ für alle } \pi \in \mathfrak{S}_n,$$

3. und die Umkehrfunktion[7] π^{-1} fungiert als inverses Element in Bezug auf $\circ$, also

$$\pi^{-1} \circ \pi = \pi \circ \pi^{-1} = id \text{ für alle } \pi \in \mathfrak{S}_n.$$

Zusammengefasst bedeutet das: $\mathfrak{S}_n$ ist mit der zweistelligen Verknüpfung $\circ$ eine Gruppe $(\mathfrak{S}_n, \circ)$, für $n > 2$ ist diese Gruppe nichtabelsch (also nichtkommutativ).

---

[7] Für jede bijektive Funktion gibt es ja eine Umkehrfunktion.

3.5.2 Das Signum einer Permutation

Definition 3.5.2 Sei $n \in \mathbb{N}$, sei $\sigma \in \mathfrak{S}_n$. Das Signum (oder Vorzeichen) der Permutation σ ist definiert als

$$sgn(\sigma) := \prod_{1 \le i < j \le n} \frac{\sigma(j) - \sigma(i)}{j - i}. \qquad (3.15)$$

Eine Permutation π mit $sgn(\pi) = +1$ wird gerade Permutation genannt, eine Permutation π mit $sgn(\pi) = -1$ wird ungerade Permutation genannt.

Beobachtung 3.5.1 Es gilt jedenfalls $sgn(\sigma) = \pm 1$: Denn jede Bijektion $\sigma \colon [n] \to [n]$ induziert eine Bijektion σ_2

$$[n]^2 \to [n]^2 \colon (i, j) \mapsto (\sigma(i), \sigma(j))$$

auf der Menge $[n]^2 = [n] \times [n]$ aller Paare von Elementen aus $[n]$, mit der Umkehrfunktion

$$(i, j) \mapsto \left(\sigma^{-1}(i), \sigma^{-1}(j)\right).$$

Den Definitionsbereich dieser induzierten Bijektion σ_2 können wir einschränken auf die Indexmenge des definierenden Produkts (3.15), also auf

$$D := \left\{(i, j) \in [n]^2 \colon i < j\right\},$$

und das Bild $\sigma_2(D)$ ist

$$\{(\sigma(i), \sigma(j)) \colon i < j\} \subseteq \left\{(i, j) \in [n]^2 \colon i \ne j\right\}$$

(denn $i \ne j \implies \sigma(i) \ne \sigma(j)$): Dieses Bild entspricht genau den Faktoren im Zähler von (3.15), und dieser Zähler besteht also (salopp gesprochen) aus denselben Paaren verschiedener Zahlen wie der Nenner, nur sind manche davon „umgedreht": Für jedes „nicht umgedrehte" Paar ergibt sich ein Faktor 1, und für jedes „umgedrehte" Paar ergibt sich ein Faktor (-1).

Lemma 3.5.1 Das Signum ist eine multiplikative Funktion $\mathfrak{S}_n \to \{-1, +1\} \subset \mathbb{Z}$, d. h.:

$$sgn(\sigma \circ \tau) = sgn(\sigma) \cdot sgn(\tau). \qquad (3.16)$$

(Eine hochgestochene Art, dasselbe auszudrücken: „Das Signum ist ein Gruppenhomomorphismus $\mathfrak{S}_n \to \mathbb{Z}^\star$, also von der Gruppe $\mathfrak{S}_n$ in die Einheitengruppe des Rings $\mathbb{Z}$.")

3.5 Permutationen und vorzeichenumkehrende Involutionen

Beweis Der Beweis besteht nur aus einer coolen Rechnung:

$$sgn(\sigma \circ \tau) \ldots$$

$$= \prod_{1 \leq i < j \leq n} \frac{(\sigma \circ \tau)(j) - (\sigma \circ \tau)(i)}{j - i} \quad \text{[definitionsgemäß]}$$

$$= \left(\prod_{1 \leq i < j \leq n} \frac{(\sigma \circ \tau)(j) - (\sigma \circ \tau)(i)}{\tau(j) - \tau(i)} \right) \cdot \left(\prod_{1 \leq i < j \leq n} \frac{\tau(j) - \tau(i)}{j - i} \right) \quad \text{[Brüche erweitern]}$$

$$= \left(\prod_{1 \leq i < j \leq n} \frac{(\sigma \circ \tau)(j) - (\sigma \circ \tau)(i)}{\tau(j) - \tau(i)} \right) \cdot sgn(\tau) \quad \text{[definitionsgemäß]}$$

$$= \left(\prod_{\tau(i) < \tau(j)} \tfrac{\sigma(\tau(j)) - \sigma(\tau(i))}{\tau(j) - \tau(i)} \right) \cdot \left(\prod_{\tau(j) < \tau(i)} \tfrac{\sigma(\tau(i)) - \sigma(\tau(j))}{\tau(i) - \tau(j)} \right) \cdot sgn(\tau) \quad \text{[Produkt schlau zerlegen]}$$

$$= sgn(\sigma) \cdot sgn(\tau). \quad \text{[definitionsgemäß: } \tau \text{ ist eine Bijektion!]}$$

Die Zerlegung des Produkts in der vorletzten Zeile der obigen Umformungen entspricht einfach der Zerlegung der Menge aller Paare

$$\{(\tau(i), \tau(j)) : 1 \leq i < j \leq n\}$$

in zwei disjunkte Teilmengen:

$$\{(\tau(i), \tau(j)) : \tau(j) < \tau(i)\} \cup \{(\tau(i), \tau(j)) : \tau(j) > \tau(i)\}. \quad \square$$

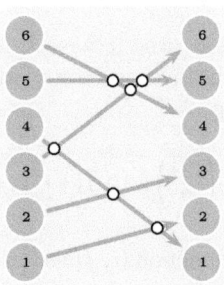

Abb. 3.4 Visualisierung von Inversionen: Die 6 Inversionen $(1, 4)$, $(2, 4)$, $(3, 4)$, $(3, 5)$, $(3, 6)$ und $(5, 6)$, der Permutation $\pi = (2, 3, 6, 1, 5, 4)$ (notiert als Liste der Funktionswerte $(\pi(1), \pi(2) \ldots, \pi(6))$) erscheinen als Kreuzungspunkte (durch kleine Kreise markiert) der „Funktionspfeile", die die Permutation darstellen. (Achtung: „Geometrisch" könnten mehrere Kreuzungspunkte in einen zusammenfallen: Wenn k „Funktionspfeile" durch einen einzigen Kreuzungspunkt verlaufen, dann zählt dieser „als Kreuzungspunkt für jede 2-elementige Teilmenge der k einander kreuzenden Pfeile", also als $\frac{k(k-1)}{2}$ Kreuzungspunkte!)

Definition 3.5.3 Eine Inversion einer Permutation $\pi \in \mathfrak{S}_n$ ist ein Paar (i, j) mit $i < j$ und $\pi(i) > \pi(j)$.

Die Anzahl aller Inversionen von π wird mit $inv(\pi)$ bezeichnet.

Inversionen entsprechen genau den „umgedrehten Paaren" in Beobachtung 3.5.1, also folgt sofort:

Proposition 3.5.2 Für ganze Zahlen $n \geq 0$ und alle $\pi \in \mathfrak{S}_n$ gilt:

$$sgn(\pi) = (-1)^{inv(\pi)}. \qquad (3.17)$$

Permutationen und ihre Inversionen lassen sich sehr hübsch visualisieren, siehe Abb. 3.4: Inversionen erscheinen als „Kreuzungen" der „Funktionspfeile", die die Permutation darstellen.

Es ist offensichtlich, dass aus der Darstellung einer Permutation π durch „Funktionspfeile" (wie in Abb. 3.4) durch das „Umdrehen aller Funktionspfeile" die Darstellung der Permutation π^{-1} entsteht. Dieses „Umdrehen von Funktionspfeilen" ändert natürlich nichts an den „Kreuzungen" der Pfeile, und daraus ergibt sich sofort:

Korollar 3.5.1 Für alle $\pi \in \mathfrak{S}_n$ gilt

$$inv(\pi) = inv(\pi^{-1}).$$

Für Leser*innen, denen diese „visuelle" Argumentation unheimlich ist, geben wir noch einen herkömmlichen Beweis durch direkte Rechnung:

Beweis Direkt aus der Definition ergibt sich für eine Permutation $\pi \in \mathfrak{S}_n$

$$(i < j) \wedge (\pi(i) > \pi(j)) \iff (\pi(j) < \pi(i)) \wedge \left(\pi^{-1}(\pi(j)) = j > i = \pi^{-1}(\pi(i))\right).$$

D. h., (i, j) ist genau dann eine Inversion von π, wenn $(\pi(j), \pi(i))$ eine Inversion von π^{-1} ist, und die Abbildung

$$\binom{[n]}{2} \to \binom{[n]}{2} : \{i, j\} \mapsto \{\pi(i), \pi(j)\}$$

ist eine Bijektion (mit Umkehrfunktion $\{i, j\} \mapsto \{\pi^{-1}(i), \pi^{-1}(j)\}$). □

Definition 3.5.4 Eine Permutation $\tau \in \mathfrak{S}_n$, die genau zwei Elemente $i \neq j$ vertauscht (und alle anderen Elemente $k \in [n], k \neq i, j$, auf sich selbst abbildet), also

$$\tau(k) = \begin{cases} i & \text{wenn } k = j, \\ j & \text{wenn } k = i, \\ k & \text{sonst}, \end{cases}$$

nennt man eine Transposition und schreibt dafür kurz $\tau = (i, j)$.

Lemma 3.5.2 Das Signum einer Transposition ist gleich -1.

Beweis Den Beweis führen wir „grafisch":

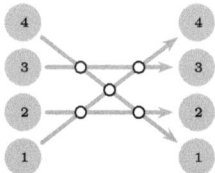

Wenn die Transposition die Elemente $i < j$ (in unserer Illustration: $i = 1 < 4 = j$) vertauscht, dann ist die Anzahl der „Kreuzungen" (die ja genau den Inversionen entsprechen) gleich

- $2 \cdot (j - i - 1) \ldots$, denn

    - sowohl der „Funktionspfeil", der von i im Wertebereich nach j im Bildbereich führt,
    - als auch der „Funktionspfeil", der von j im Wertebereich nach i im Bildbereich führt,

    kreuzen alle $(j - i - 1)$ (waagrechten) „Funktionspfeile", die zwischen i und j liegen,
- $+1$, denn die „Funktionspfeile" von i nach j bzw. von j nach i kreuzen ja auch einander.

Die Anzahl dieser Kreuzungen (also auch die Anzahl der Inversionen) ist also tatsächlich ungerade. □

3.5.3 Vorzeichenumkehrende Involutionen

Definition 3.5.5 Sei M eine Menge: Eine Bijektion $\psi \colon M \to M$ heißt Involution, wenn sie ihre eigene Umkehrfunktion ist, wenn also gilt:

$$\psi^{-1} = \psi \iff \psi^2 := \psi \circ \psi = id\,.$$

Beispiel 3.5.1 Jede Transposition $(i, j) \in \mathfrak{S}_n$ ist eine Involution, denn

$$(i, j) \circ (i, j) = id\,.$$

Definition 3.5.6 Sei M eine Menge, für die eine Signum-Funktion (auch Vorzeichen-Funktion genannt) $sgn \colon M \to \{-1, 1\}$ definiert ist: Eine solche Menge nennen wir signiert, und für ein $m \in M$ nennen wir $sgn(m)$ das Signum (oder Vorzeichen) von m.

Eine Involution $\psi : M \to M$ auf einer signierten Menge M heißt vorzeichenumkehrend, wenn für alle $k \in M$ mit $\psi(k) \neq k$

$$sgn(\psi(k)) = -sgn(k)$$

gilt.

Direkt aus der Definition ergibt sich:

Proposition 3.5.3 Sei M eine signierte Menge, und sei $\psi : M \to M$ eine vorzeichenumkehrende Involution.
Dann gilt

$$\sum_{m \in M} sgn(M) = \sum_{m \in M:\ \psi(m)=m} sgn(m).$$

Insbesondere gilt

$$\sum_{m \in M} sgn(M) = 0,$$

wenn es kein $m \in M$ mit $\psi(m) = m$ gibt.

Beweis Für alle $m \in M$ mit $\psi(m) \neq m$ gilt definitionsgemäß

$$sgn(\psi(m)) + sgn(m) = 0,$$

in der Summe über alle $m \in M$ kürzen sich also die Vorzeichen aller Paare $(m, \psi(m))$ weg, für die $\psi(m) \neq m$ gilt. □

Eine Anwendung dieser einfachen Beobachtung ergibt die folgende wohlbekannte Tatsache:

Korollar 3.5.2 Für $n > 1$ enthält die Gruppe $\mathfrak{S}_n$ genauso viele gerade wie ungerade Permutationen.

Beweis Wir betrachten die Transposition $(1, 2) \in \mathfrak{S}_n$ (dafür brauchen wir die Voraussetzung $n > 1$) und die Funktion $f : \mathfrak{S}_n \to \mathfrak{S}_n$, die durch die Funktionsvorschrift

$$f(\pi) = \pi \circ (1, 2)$$

gegeben ist. Da $(\mathfrak{S}_n, \circ)$ eine Gruppe ist, gilt $f(\pi) \neq \pi$ für alle $\pi \in \mathfrak{S}_n$, und f ist eine Involution:

$$f(f(\pi)) = f(\pi \circ (1, 2)) = \pi \circ (1, 2) \circ (1, 2) = \pi \circ id = \pi.$$

gemäß Lemma 3.5.1 in Verbindung mit Lemma 3.5.2 ist f auch vorzeichenumkehrend (in Bezug auf das Signum):

$$\forall \pi \in \mathfrak{S}_n\colon\ sgn(f(\pi)) = sgn(\pi \circ (1,2)) = sgn(\pi) \cdot sgn((1,2)) = -sgn(\pi).$$

Daher gilt

$$\sum_{\pi \in \mathfrak{S}_n} sgn(\pi) = 0,$$

und das ergibt die Behauptung. □

3.6 Determinanten und Gitterpunktwege

3.6.1 Determinanten

Die Determinante einer quadratischen Matrix ist bekanntlich wie folgt definiert:

Definition 3.6.1 (Determinante) Sei $A = (a_{i,j})_{i,j=1}^n$ eine $n \times n$-Matrix mit Eintragungen $a_{i,j}$ in einem Integritätsring[8] der Charakteristik 0 (d. h., insbesondere gilt $r = -r \implies r = 0$ für alle $r \in R$)[9]. Dann ist die Determinante $\det(A)$ dieser Matrix definiert als

$$\det(A) := \sum_{\pi \in \mathfrak{S}_n} sgn(\pi) \cdot \prod_{i=1}^n a_{i,\pi(i)}. \tag{3.18}$$

Wir schreiben das auch in der Form $\det(a_{i,j})_{i,j=1}^n$.

Im Grenzfall $n = 0$ enthält die Summe in (3.18) nur einen Summanden (denn $\#(\mathfrak{S}_0) = 1$, siehe Definition 3.5.1), nämlich das leere Produkt: Für $n = 0$ ist die Determinante also immer gleich 1.

Bemerkung 3.6.1 Wir werden im Folgenden den üblichen „Missbrauch der Notation" begehen und nicht genau zwischen einer Determinante und der ihr zugrunde liegenden Matrix unterscheiden, also zum Beispiel einfach „die Determinante hat Eintragung $a_{i,j}$" sagen, statt (korrekt, aber umständlich) „die der Determinante zugrunde liegende Matrix hat Eintragung $a_{i,j}$".

---

[8] Ein Integritätsring ist ein nullteilerfreier kommutativer Ring mit einem Einselement, der nicht der Nullring ist.
[9] In den typischen Fällen, die in der linearen Algebra betrachtet werden, ist der Ring R gleich $\mathbb{R}$ oder $\mathbb{C}$ (also ein Körper), aber hier brauchen wir auch Matrizen mit Eintragungen aus Polynomringen über $\mathbb{C}$, die ebenfalls Integritätsringe der Charakteristik 0 sind.

Definition 3.6.2 (Transponierte) Die Transponierte A^T einer Matrix $A = (a_{i,j})_{i,j=1}^n$ entsteht aus A „durch Spiegelung an der Hauptdiagonalen", Zeilen und Spalten „vertauschen also ihre Rollen":

$$A^T = \left(a_{i,j}^T\right)_{i,j=1}^n = (a_{j,i})_{i,j=1}^n.$$

Beobachtung 3.6.1 Direkt aus den Definitionen und aus den Eigenschaften von Permutationen ergibt sich:

$$\det\left(A^T\right) = \sum_{\pi \in \mathfrak{S}_n} sgn(\pi) \cdot \prod_{i=1}^n a_{i,\pi(i)}^T \quad \text{[Definition der Determinante]}$$

$$= \sum_{\pi \in \mathfrak{S}_n} sgn(\pi) \cdot \prod_{i=1}^n a_{\pi(i),i} \quad \text{[Definition der Transponierten]}$$

$$= \sum_{\pi \in \mathfrak{S}_n} sgn\left(\pi^{-1}\right) \cdot \prod_{i=1}^n a_{\pi(i),i} \quad [sgn\left(\pi^{-1}\right) = sgn(\pi) \text{ (Korollar 3.5.1)}]$$

$$= \sum_{\pi \in \mathfrak{S}_n} sgn\left(\pi^{-1}\right) \cdot \prod_{i=1}^n a_{\pi(i),\pi^{-1}(\pi(i))} \quad [\pi^{-1} \circ \pi = id]$$

$$= \sum_{\pi \in \mathfrak{S}_n} sgn\left(\pi^{-1}\right) \cdot \prod_{j=1}^n a_{j,\pi^{-1}(j)} \quad [\pi \text{ Bijektion } [n] \to [n]: \text{ „Faktoren umordnen"}]$$

$$= \det(A). \quad [\pi \mapsto \pi^{-1} \text{ Bijektion } \mathfrak{S}_n \to \mathfrak{S}_n: \text{ „Summanden umordnen"}]$$

Diese einfache Beobachtung bedeutet: Allgemeingültige Aussagen über eine Determinante $\det(A)$, die sich auf Spalten der zugrunde liegenden Matrix A beziehen, gelten ebenso für Zeilen von A.

Für die folgenden Überlegungen rufen wir uns drei wesentliche Eigenschaften der Determinante in Erinnerung:

Proposition 3.6.1 Sei $A = (a_{i,j})_{i,j=1}^n$ eine $n \times n$-Matrix mit Eintragungen $a_{i,j}$ aus einem Integritätsring R der Charakteristik 0. Dann gilt

1. Sei j der Index einer Spalte von A, aus der man einen Faktor $\lambda \neq 0 \in R$ herausheben kann (d.h., für $i = 1, 2, \ldots, n$ gilt $a_{i,j} = \lambda \cdot b_i$ für gewisse $b_i \in R$). Sei A' die Matrix, die aus A durch die Ersetzung dieser Eintragungen $a_{i,j} \mapsto b_i$ (in Spalte j) entsteht. Salopp gesprochen: A' entsteht aus A durch Division von Spalte j durch λ. Dann gilt

$$\det(A) = \lambda \cdot \det(A').$$

2. Für ein beliebiges n-Tupel $b = (b_i)_{i=1}^n \in R^n$ und ein beliebiges Element $\lambda \in R$ sei A'' die Matrix, die aus A dadurch entsteht, dass zur j-ten Spalte von A das

3.6 Determinanten und Gitterpunktwege

(komponentenweise) λ-Fache von b (komponentenweise) addiert wird, also die Ersetzung

$$\left(a_{i,j}\right)_{i=1}^{n} \mapsto \left(a_{i,j} + \lambda \cdot b_i\right)_{i=1}^{n} \text{ für } i = 1, 2, \ldots n$$

durchgeführt wird. Salopp gesprochen: A'' entsteht aus A durch Addition der Spalte $\lambda \cdot b$ zur j-ten Spalte von A.

Sei A''' die Matrix, die aus A dadurch entsteht, dass die j-te Spalte von A durch b ersetzt wird, also

$$\left(a_{i,j}\right)_{i=1}^{n} \mapsto (b_i)_{i=1}^{n} \text{ für } i = 1, 2, \ldots n.$$

Dann gilt:

$$\det(A'') = \det(A) + \lambda \cdot \det(A''') \, . \tag{3.19}$$

3. Wenn man in der Matrix A zwei verschiedene Spalten $j_1 \neq j_2$ vertauscht und die dadurch erhaltene Matrix mit A' bezeichnet, dann gilt

$$\det(A) = -\det(A') \, .$$

Gemäß Beobachtung 3.6.1 gelten diese Aussagen – „mutatis mutandis" – ebenso für Zeilen.

Bemerkung 3.6.2 In der Linearen Algebra betrachtet man Matrizen mit Eintragungen in einem Körper und verwendet die Sprache der Vektorräume. Eigenschaften 1-3 in Proposition 3.6.1 drückt man dann so aus: Die Determinante ist multilinear und alternierend.

Beweis Die erste Behauptung folgt direkt aus der Definition der Determinante von A, denn den der Permutation π entsprechenden Summanden in (3.18) können wir so schreiben (durch Abspalten eines einzelnen Faktors):

$$sgn(\pi) \cdot (\lambda \cdot b_i) \cdot \prod_{i=1, \pi(i) \neq j}^{n} a_{i,\pi(i)},$$

für alle $\pi \in \mathfrak{S}_n$.

Ebenso können wir den der Permutation π entsprechenden Summanden in (3.18) für die Determinante von A'' so schreiben (durch Abspalten eines einzelnen Faktors):

$$sgn(\pi) \cdot \left(a_{i,j} + \lambda \cdot b_i\right) \prod_{i=1, \pi(i) \neq j}^{n} a_{i,\pi(i)}$$

$$= sgn(\pi) \cdot a_{i,j} \prod_{i=1, \pi(i) \neq j}^{n} a_{i,\pi(i)} + \lambda \cdot sgn(\pi) \cdot b_i \prod_{i=1, \pi(i) \neq j}^{n} a_{i,\pi(i)},$$

für alle $\pi \in \mathfrak{S}_n$: Daraus folgt die zweite Behauptung.

Die dritte Aussage folgt sofort aus der Multiplikativität des Signums (Lemma 3.5.1) in Verbindung mit der Tatsache, dass die Transposition (j_1, j_2), die der Vertauschung der Spalten j_1, j_2 entspricht, Signum (-1) hat (Lemma 3.5.2). □

Korollar 3.6.1 Sei $A = (a_{i,j})_{i,j=1}^{n}$ eine $n \times n$-Matrix mit Eintragungen in einem Integritätsring R der Charakteristik 0, die zwei identische Spalten $j_1 \neq j_2$ hat (also $a_{i,j_1} = a_{i,j_2}$ für $i = 1, 2, \ldots, n$). Dann gilt

$$\det(A) = 0.$$

Sei A'' die Matrix, die aus A durch Addition einer Spalte j_2, die mit einem beliebigen Element $\lambda \in R$ (komponentenweise) multipliziert wurde, zu einer Spalte $j_1 \neq j_2$ von A entsteht. Dann gilt

$$\det(A) = \det(A'').$$

Beweis Sei A' die Matrix, die sich aus der Vertauschung der Spalten j_1 und j_2 ergibt. Dann gilt einerseits

$$\det(A) = \det(A') \qquad \text{[denn die Spalten sind identisch, also ist } A = A'\text{]},$$

andererseits aber auch

$$\det(A) = -\det(A') \qquad \text{[gemäß Punkt 3 in Proposition 3.6.1]};$$

und weil R ein Integritätsring der Charakteristik 0 ist, gilt

$$\det(A) = -\det(A) \implies (1+1) \cdot \det(A) = 0 \implies \det(A) = 0.$$

Die zweite Behauptung ergibt sich daraus, dass die Matrix A''' in (3.19) (siehe den dritten Punkt in Proposition 3.6.1) in diesem Spezialfall zwei identische Spalten (j_1 und j_2, mit $j_1 \neq j_2$) hat; ihre Determinante ist daher gleich 0. □

3.6.2 Polynome in mehreren Variablen

Bekanntlich kann man die Definition 3.1.2 (Polynome in einer Variable) in ganz natürlicher Weise erweitern und Polynome in mehreren Variablen $x_0, x_1, \ldots, x_{n-1}$ betrachten:

Definition 3.6.3 (Polynome in mehreren Variablen). Seien $x_0, x_1, \ldots, x_{n-1}$ Variable. Eine Linearkombination von Monomen $x_0^{i_0} \cdot x_1^{i_1} \cdots x_{n-1}^{i_{n-1}}$

$$p(x_0, x_1, \ldots, x_{n-1}) = \sum_{(i_0, \ldots, i_{n-1}) \in \mathbb{N}^n} \lambda_{i_0, i_1, \ldots, i_{n-1}} \cdot x_0^{i_0} \cdot x_1^{i_1} \cdots x_{n-1}^{i_{n-1}};$$

3.6 Determinanten und Gitterpunktwege

mit Koeffizienten $\lambda_{i_0,i_1,\ldots,i_{n-1}} \in \mathbb{C}$ nennt man ein Polynom in den Variablen $x_0, x_1, \ldots, x_{n-1}$ über dem Körper $\mathbb{C}$: Dabei ist die Summe nur formal unendlich in dem Sinn, dass nur endlich viele Koeffizienten $\lambda_{i_0,i_1,\ldots,i_{n-1}}$ ungleich null sind.

Mit komponentenweiser Addition der „n-dimensionalen" Koeffizienten $\lambda_{i_0,\ldots,i_{n-1}}$ und der „offensichtlichen" Multiplikation (durch distributives Ausmultiplizieren) wird die Menge dieser Polynome wieder zu einem Integritätsring der Charakteristik 0, den wir mit $\mathbb{C}[x_0, x_1, \ldots, x_{n-1}]$ bezeichnen. Den Gesamtgrad eines Monoms

$$x_0^{i_0} \cdot x_1^{i_1} \cdots x_{n-1}^{i_{n-1}}$$

definieren wir als $i_0 + i_1 + \cdots + i_{n-1}$, und ein Polynom, in dem alle vorkommenden Monome (also mit Koeffizient ungleich null) denselben Gesamtgrad m haben, nennen wir homogen vom Grad m.

Teilbarkeit ist in $\mathbb{C}[x_0, x_1, \ldots, x_{n-1}]$ genauso definiert wie im Ring $\mathbb{Z}$ der ganzen Zahlen:

$$p \mid q : \iff \exists m: q = m \cdot p.$$

Lemma 3.6.1 Wenn ein Polynom $p \in \mathbb{C}[x_0, x_1, \ldots, x_{n-1}]$ die Eigenschaft hat, dass für zwei Indices $i \neq j, 0 \leq i, j \leq n-1$,

$$p(x_0, \ldots, x_i, \ldots, x_j, \ldots, x_{n-1}) = -p(x_0, \ldots, x_j, \ldots, x_i, \ldots, x_{n-1})$$

gilt (d. h.: Das Polynom p wechselt das Vorzeichen, wenn die verschiedenen Variablen x_i und x_j vertauscht werden), dann gilt

$$(x_i - x_j) \mid p.$$

Beweis O. B. d. A. sei $i = 0$ und $j = 1$. Wir bezeichnen die Variable x_0 mit y und fassen p als ein Polynom in y auf, mit Koeffizienten im Ring $\mathbb{C}[x_1, \ldots, x_{n-1}]$, das wir zur deutlichen Unterscheidung als $\overline{p}(y)$ schreiben.

Also ist $\overline{p}(y)$ ein Polynom in einer Variable, allerdings sind seine Koeffizienten nun nicht mehr Elemente eines Körpers: Die Division mit Rest (Divisionsalgorithmus für Polynome in einer Variable) durch den Linearfaktor $(y - x_1)$ (Grad 1 als Polynom in y) „funktioniert" aber ganz unverändert und liefert eine Darstellung

$$\overline{p}(y) = (y - x_1) \cdot q(y) + r,$$

wobei r Grad kleiner 1 (als Polynom in y) hat, d. h., „die Variable y kommt in r nicht mehr vor". Aber mit der Variablensubstitution $(y = x_0) \mapsto x_1$ ergibt sich aus

$$p(x_1, x_1, \ldots, x_{n-1}) = -p(x_1, x_1, \ldots, x_{n-1}) \leftarrow [\text{ Vorzeichenwechsel bei Vertauschung!}]$$

sofort

$$0 = p(x_1, x_1, \ldots, x_{n-1}) = \overline{p}(x_1) = (x_1 - x_1) \cdot q(x_1) + r = r,$$

und das entspricht genau der Behauptung. □

3.6.3 Konkrete Berechnung von Determinanten

Wir kommen nun zu etwas aufwendigeren Determinantenberechnungen, die wir in dem Beweis für Satz 3.4.1 verwenden wollen. Zum Aufwärmen rufen wir uns die Vandermonde-Determinante in Erinnerung:

Proposition 3.6.2 (Vandermonde-Determinante) Seien $x_0, x_1, \ldots, x_n$ Variable. Die Determinante der $n \times n$-Matrix

$$\det\left(x_i^{n-1-j}\right)_{i,j=0}^{n-1} = \det\begin{pmatrix} x_0^{n-1} & x_0^{n-2} & \cdots & x_0 & 1 \\ x_1^{n-1} & x_1^{n-2} & \cdots & x_1 & 1 \\ & & \cdots & & \\ x_{n-1}^{n-1} & x_{n-1}^{n-2} & \cdots & x_{n-1} & 1 \end{pmatrix}$$

(die sogenannte Vandermonde-Determinante) ist ein Polynom in $\mathbb{C}[x_0, x_1, \ldots, x_n]$, das

1. homogen vom Grad $\binom{n}{2}$ ist
2. und das Vorzeichen wechselt, wenn zwei verschiedene Variable x_{j_1}, x_{j_2} (mit $j_1 \neq j_2$) vertauscht werden.

Diese Determinante hat folgende Produktdarstellung:

$$\det\left(x_i^{n-1-j}\right)_{i,j=0}^{n-1} = \prod_{0 \leq i < j \leq n-1} (x_i - x_j). \tag{3.20}$$

Beweis Behauptung 1 folgt sofort aus der Definition der Determinante in Verbindung mit der bekannten Summenformel für die Dreieckszahlen

$$1 + 2 + \cdots (n-1) = \frac{n \cdot (n-1)}{2} = \binom{n}{2}.$$

Behauptung 2 ergibt sich sofort aus Eigenschaft 3 in Proposition 3.6.1.

Aus Behauptung 2 in Verbindung mit Lemma 3.6.1 folgt, dass alle Linearfaktoren $(x_j - x_i)$ mit $i < j$ Teiler der Vandermonde-Determinante sind, es gilt also

$$\left(\prod_{0 \leq i < j \leq n-1} (x_i - x_j)\right) \bigg| \left(\det\left(x_i^{n-1-j}\right)_{i,j=0}^{n-1}\right).$$

Das Produkt

$$\prod_{0 \leq i < j \leq n-1} (x_i - x_j)$$

3.6 Determinanten und Gitterpunktwege

ist aber auch ein Polynom in $\mathbb{C}[x_0, x_1, \ldots, x_n]$, das homogen vom Grad $\binom{n}{2}$ ist, und kann sich daher nur um eine Konstante $c \in \mathbb{C}$ von der Vandermonde-Determinante unterscheiden:

$$\left(\prod_{0 \leq i < j \leq n-1} (x_i - x_j)\right) = c \cdot \left(\det\left(x_i^{n-1-j}\right)_{i,j=0}^{n-1}\right).$$

Der Koeffizient des Monoms $x_0^{n-1} \cdot x_1^{n-2} \cdots x_{n-1}^0$ ist aber auf beiden Seiten der behaupteten Gl. (3.20) derselbe (nämlich 1), also ist $c = 1$. □

Als Nächstes betrachten wir eine trickreiche Determinantenberechnung, die mein Doktorvater Professor Krattenthaler [Kra90, Lemma 2.2] formuliert und bewiesen hat:

Lemma 3.6.2 Seien $x_1, \ldots, x_n, a_2, \ldots, a_n, b_2 \ldots, b_n$ Variable. Dann gilt

$$\det\left((x_i + a_n)(x_i + a_{n-1}) \cdots (x_i + a_{j+1})(x_i + b_j)(x_i + b_{j-1}) \cdots (x_i + b_2)\right)_{i,j=1}^n$$
$$= \prod_{1 \leq i < j \leq n} (x_i - x_j) \prod_{2 \leq i \leq j \leq n} (b_i - a_j). \tag{3.21}$$

Beweis Wir wollen die gegebene Determinante auf die Vandermonde-Determinante zurückführen (deren Produktdarstellung wir ja als einen Faktor in (3.21) erkennen). Dazu müssen wir erreichen, dass die Polynome in Spalte j alle denselben Grad $n - j$ haben: Das ist zunächst nur für $j = 1$ der Fall.

Um unser Ziel zu erreichen, ziehen wir sukzessive

- Spalte $n - 1$ von Spalte n,
- Spalte $n - 2$ von Spalte $n - 1$
- etc.,
- und schließlich Spalte 1 von Spalte 2

ab. Sei S die dadurch entstehende Matrix; gemäß Korollar 3.6.1 hat sie dieselbe Determinante wie die gegebene Matrix. Für $j = 2, 3, \ldots n$ gilt nach Konstruktion (Differenz der Spalten j und $j - 1$ bilden)

$$S_{i,j} = (x_i + a_n) \cdots (x_i + a_{j+2}) \cdot (x_i + a_{j+1}) \cdot (x_i + b_j) \cdot (x_i + b_{j-1}) \cdots (x_i + b_2)$$
$$- (x_i + a_n) \cdots (x_i + a_{j+1}) \cdot (x_i + a_j) \cdot (x_i + b_{j-1}) \cdot (x_i + b_{j-2}) \cdots (x_i + b_2)$$
$$= \left[(x_i + a_n) \cdots (x_i + a_{j+1}) \cdot (x_i + b_{j-1}) \cdots (x_i + b_2)\right] \cdot (b_j - a_j),$$

(die erste Spalte wurde nicht verändert), und wir erkennen zwei Tatsachen:

- Der Grad der Polynome ist nun in allen Spalten $j \geq 2$ gleich $n - 2$ (unser Ziel ist also jetzt auch für Spalte 2 erreicht),

- und wir können aus allen Spalten $j \geq 2$ den Faktor $(b_j - a_j)$ herausheben: Das ergibt eine Matrix S', und es gilt

$$\det(S) = \left(\prod_{j=2}^{n} (b_j - a_j) \right) \cdot \det(S').$$

Außerdem erkennen wir, dass wir diese Konstruktion für die Spalten $j = 2, 3, \ldots, n$ von S' wiederholen können: Salopp gesprochen, sind das ja einfach die Spalten der ursprünglichen Matrix (in (3.21)), deren Einträge in Zeile i durch $(x_i + b_j)$ gekürzt wurden. Wenn wir also in S' sukzessive

- Spalte $n - 1$ von Spalte n,
- Spalte $n - 2$ von Spalte $n - 1$
- etc.,
- und schließlich Spalte 2 von Spalte 3

abziehen, dann entsteht eine Matrix mit derselben Determinante (gemäß Korollar 3.6.1), in der der Grad der Polynome in allen Spalten $j \geq 3$ gleich $n - 3$ ist (unser Ziel ist also jetzt auch für Spalte 3 erreicht; Spalte 2 blieb unverändert), und wir können aus allen Spalten $j \geq 3$ einen Faktor $(b_{j-1} - a_j)$ herausheben, was insgesamt einen (weiteren) Faktor $\prod_{j=3}^{n} (b_{j-1} - a_j)$ ergibt.

Durch Fortsetzung dieser Konstruktion bis zur letzten Spalte können wir also insgesamt einen Faktor

$$\left(\prod_{k=2}^{n} \left(\prod_{j=k}^{n} (b_{j+2-k} - a_j) \right) \right) = \prod_{2 \leq i \leq j \leq n} (b_i - a_j)$$

herausheben, der mit der Determinante (die, salopp gesprochen, durch alle Faktoren $(x_i + b_j)$ gekürzt wurde)

$$\det\left((x_i + a_n) \cdot (x_i + a_{n-1}) \cdots (x_i + a_{j+1}) \right)_{i,j=1}^{n} \quad (3.22)$$

multipliziert die gesuchte Determinante ergibt. In (3.22) haben wir unser Ziel erreicht, und alle Polynome in Spalte j haben Grad $n - j$: Die Determinante ist also ein Polynom,

- das homogen vom Grad $\binom{n}{2}$ ist
- und bei jeder Vertauschung von zwei verschiedenen Variablen das Vorzeichen wechselt.

Unser Beweis schließt nun genauso wie in Proposition 3.6.2: Es muss eine Konstante $c \in \mathbb{C}$ geben, sodass

$$\det\bigl((x_i + a_n) \cdot (x_i + a_{n-1}) \cdots (x_i + a_{j+1})\bigr)_{i,j=1}^{n} = c \cdot \prod_{1 \leq i < j \leq n} (x_i - x_j)$$

gilt, und Vergleich der Koeffizienten des Monoms $x_1^{n-1} \cdot x_2^{n-2} \cdots x_n^0$ ergibt $c = 1$. □

3.6.4 Gitterpunktwege

Der Beweis von MacMahons Satz, den ich hier präsentieren möchte, basiert auf der Tatsache, dass man die Anzahl aller Würfelstapel, die in einem Quader Platz finden, als eine Determinante schreiben kann, die man mithilfe von Lemma 3.6.2 ausrechnen kann. Diese „Übersetzung in eine Determinante" schauen wir uns jetzt an:

Definition 3.6.4 (Gitterpunktweg) Das ganzzahlige Gitter $\mathbb{Z} \times \mathbb{Z} \subset \mathbb{R}^2$ ist die Menge aller Punkte mit ganzzahligen Koordinaten in der Ebene $\mathbb{R}^2$. Ein Gitterpunktweg (oder kürzer: Weg) der Länge m mit Anfangspunkt $A \in \mathbb{Z} \times \mathbb{Z}$ und Endpunkt $B \in \mathbb{Z} \times \mathbb{Z}$ ist eine Folge von $(m+1)$ Punkten

$$(A = P_0, P_1, \ldots, P_m = B) \subset \mathbb{Z} \times \mathbb{Z}$$

im ganzzahligen Gitter, sodass

$$P_i - P_{i-1} \in \{(1,0), (0,1)\} \text{ für alle } 1 \leq i \leq m$$

gilt. Salopp gesagt: Der Weg macht ausschließlich

- horizontale Schritte nach rechts
- und vertikale Schritte nach oben

und führt von A nach B; siehe Abb. 3.5 zur Veranschaulichung dieses einfachen Konzepts.

Wenn $A = (x_A, y_A)$ und $B = (x_B, y_B)$ zwei Punkte des ganzzahligen Gitters sind, dann ist die Anzahl aller Gitterpunktwege mit Anfangspunkt A und Endpunkt B gleich 0, wenn $x_A > x_B$ (salopp: „wenn A rechts von B liegt") oder $y_A < y_B$ (salopp: „wenn A unterhalb von B" liegt) gilt; andernfalls ist diese Anzahl

$$\binom{(x_B - x_A) + (y_B - y_A)}{x_B - x_A} = \binom{(x_B - x_A) + (y_B - y_A)}{y_B - y_A} \tag{3.23}$$

Abb. 3.5 Die Grafik zeigt einen Gitterpunktweg, der vom Anfangspunkt $A = (0, 0)$ zum Endpunkt $B = (6, 4)$ führt: Jeder Weg von A nach B ist durch eine Abfolge von 10 Schritten eindeutig festgelegt, von denen genau 6 horizontal und genau 4 vertikal sind

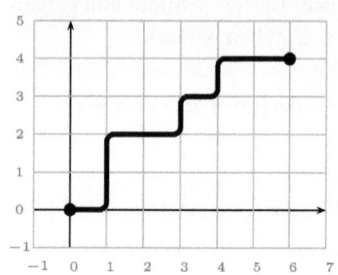

Im Sinne von Definition 3.1.1 können wir also für $0 \leq k \leq n$ schreiben:

$$\binom{n}{k} = \sum_{w:\ (0,0) \to (n-k,k)} 1,$$

wobei der Summationsbereich die Menge aller Gitterpunktwege von $(0, 0)$ nach $(n - k, k)$ ist (bzw. von beliebigem $(x_A, y_A) \in \mathbb{Z} \times \mathbb{Z}$ nach $(x_A + n - k, y_A + k)$. Binomialkoeffizienten können wir also als Anzahlen von Gitterpunktwegen deuten.

3.6.5 Die Lindström-Gessel-Viennot-Involution

Eine sehr hübsche Anwendung von vorzeichenumkehrenden Involutionen auf Determinanten von Anzahlen von Gitterpunktwegen ist die Methode von Lindström, Gessel und Viennot [Lin73, GV89]:

Satz 3.6.1 (Lindström-Gessel-Viennot) Sei $n > 0$, und seien Anfangs- bzw. Endpunkte $A_1, \ldots, A_n$ bzw. $B_1, \ldots, B_n$ im Gitter $\mathbb{Z} \times \mathbb{Z}$ gegeben. Sei weiters $\mathcal{W}(A_i \to B_j)$ für jedes Paar $(i, j) \in [n] \times [n]$ definiert als die Familie aller Gitterpunktwege, die von A_i nach B_j führen.

Für eine beliebige Permutation $\pi \in \mathfrak{S}_n$ betrachten wir die Menge aller n-Tupel von Gitterpunktwegen

$$\mathcal{W}_\pi = \left(\mathcal{W}(A_1 \to B_{\pi(1)})\right) \times \cdots \times \left(\mathcal{W}(A_n \to B_{\pi(n)})\right),$$

die von A_i nach $B_{\pi(i)}$ führen. Die signierte Menge aller solchen n-Tupel von Gitterpunktwegen ist dann

$$\mathcal{W} = \bigcup_{\pi \in \mathfrak{S}_n} \mathcal{W}_\pi$$

mit

$$sgn(w) = sgn(\pi), \text{ falls } w \in \mathcal{W}_\pi.$$

Ein n-Tupel von Gitterpunktwegen $w = (w_1, w_2, \ldots, w_n) \in \mathcal{W}$ heißt nichtüberschneidend (wir sagen dazu kurz: nichtüberschneidende Gitterpunktwege), wenn

3.6 Determinanten und Gitterpunktwege

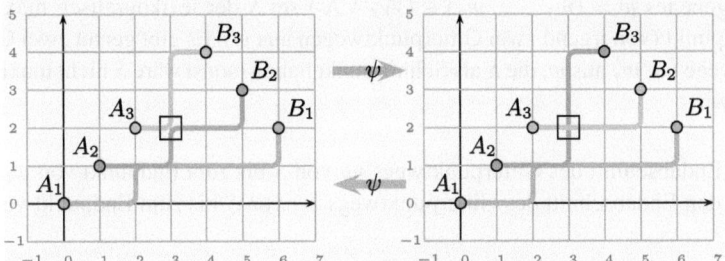

Abb. 3.6 Illustration der Lindström-Gessel-Viennot-Involution: In beiden Grafiken haben wir drei Anfangspunkte $A_1 = (0,0)$, $A_2 = (1,1)$, $A_3 = (2,2)$ und drei Endpunkte $B_1 = (6,2)$, $B_2 = (5,3)$, $B_3 = (4,4)$ sowie drei Schnittpunkte von Gitterpunktwegen: Der lexikografisch maximale Schnittpunkt $S = (3,2)$ ist durch ein kleines Quadrat markiert (die zwei anderen Schnittpunkte sind $(2,1)$ und $(3,1)$). Linke und rechte Grafik gehen auseinander hervor durch Vertauschen der Endabschnitte der Gitterpunktwege vom Schnittpunkt S bis zum jeweiligen Endpunkt

kein Paar (w_i, w_j) dieser Wege einen Schnittpunkt (also einen gemeinsamen Gitterpunkt in $\mathbb{Z} \times \mathbb{Z}$) hat; bezeichne $\mathcal{N}$ die Familie aller nichtüberschneidenden Gitterpunktwege.

Dann gilt:

$$\det\bigl(\#\bigl(\mathcal{W}(A_i \to B_j)\bigr)\bigr)_{i,j=1}^n = \sum_{w \in \mathcal{N}} sgn(w). \tag{3.24}$$

Salopp gesagt: Die Determinante der Anzahlen aller Gitterpunktwege ergibt die Anzahl der nichtüberschneidenden Gitterpunktwege mit positivem Signum minus die Anzahl der nichtüberschneidenden Gitterpunktwege mit negativem Signum.

Beweis Klarerweise gilt

$$\#(\mathcal{W}_\pi) = \prod_{i=1}^n \#\bigl(\mathcal{W}(A_i \to B_{\pi(i)})\bigr),$$

und alle $w \in \mathcal{W}_\pi$ haben (definitionsgemäß) dasselbe Signum $sgn(\pi)$: Daher ist

$$\det\bigl(\#\bigl(\mathcal{W}(A_i \to B_j)\bigr)\bigr)_{i,j=1}^n = \sum_{w \in \mathcal{W}} sgn(w).$$

Die Behauptung (3.24) ist also gezeigt, wenn wir eine vorzeichenumkehrende Involution $\psi: \mathcal{W} \to \mathcal{W}$ finden, sodass $\psi(w) = w$ genau dann gilt, wenn $w \in \mathcal{N}$. Dazu betrachten wir auf dem Gitter $\mathbb{Z} \times \mathbb{Z}$ die lexikografische Ordnung

$$(p_x, p_y) \prec (q_x, q_y) \iff \bigl(p_x < q_x \vee (p_x = q_x \wedge p_y < q_y)\bigr).$$

Für gegebenes $w = (w_1, \ldots, w_n) \in (\mathcal{W}_\pi \setminus \mathcal{N})$ sei S der lexikografisch maximale Schnittpunkt (von irgend zwei Gitterpunktwegen aus w). Es gibt genau zwei Gitterpunktwege w_i, w_j aus w, die S als Schnittpunkt haben (sonst wäre S nicht maximal): Wenn wir

- den Endabschnitt des Gitterpunktwegs w_i von S bis zum Endpunkt von w_i
- und den Endabschnitt des Gitterpunktwegs w_j von S bis zum Endpunkt von w_j

vertauschen, erhalten wir ein n-Tupel $w' \in \mathcal{W}$ (siehe Abb. 3.6) und setzen $\psi(w) = w'$ (für alle $w \in \mathcal{N}$ setzen wir natürlich $\psi(w) = w$).

Es ist klar, dass ψ eine Involution ergibt, die das Vorzeichen umkehrt: Denn

$$w \in \mathcal{W}_\pi \implies w' \in \mathcal{W}_{(\pi(i),\pi(j))\circ\pi}$$

und

$$sgn(w') = sgn((\pi(i), \pi(j)) \circ \pi) = -sgn(\pi) = -sgn(w). \qquad \square$$

Bemerkung 3.6.3 In vielen Anwendungen von Satz 3.6.1 gibt es genau eine Permutation $\pi \in \mathfrak{S}_n$ (oft einfach die identische Abbildung id) mit $\mathcal{N} \subseteq \mathcal{W}_\pi$. Im Folgenden werden wir aber auch den allgemeineren Fall betrachten, siehe als Beispiel Abb. 3.6: In der dort abgebildeten Situation gibt es vier Permutationen in $\mathfrak{S}_3$, die für nichtüberschneidende Gitterpunktwege möglich sind: Wenn wir $\pi \in \mathfrak{S}_3$ als Liste der Funktionswerte schreiben, also $\pi = (\pi(1), \pi(2), \pi(3))$, dann sind das

$$(1, 2, 3), (1, 3, 2), (3, 1, 2), (3, 2, 1).$$

Bemerkung 3.6.4 Wenn die betrachteten Gitterpunktwege durch eine zusätzliche Bedingung eingeschränkt sind (d. h., es werden nicht alle Gitterpunktwege betrachtet, sondern nur „zulässige", die der zusätzlichen Bedingung genügen), die mit der Lindström-Gessel-Viennot-Involution verträglich ist in dem Sinn, dass die Involution, angewendet auf ein „zulässiges" Tupel von Gitterpunktwegen, wieder ein „zulässiges" Tupel von Gitterpunktwegen ergibt, dann bleibt die Aussage von Satz 3.6.1 gültig: Wir sehen später eine Anwendung dieser einfachen Beobachtung.

Beispiel 3.6.1 Die Tatsache

$$\det\left(\binom{m+j-i}{j-i}\right)_{i,j=1}^n = 1 \text{ für alle } m, n \in \mathbb{N}$$

erkennt man natürlich sofort, weil $\left(\binom{m+j-i}{j-i}\right)_{i,j=1}^n$ eine Dreiecksmatrix mit lauter Einsern auf der Hauptdiagonale ist. Aber man kann das auch mit einer (trivialen) Anwendung von Satz 3.6.1 „sehen": Dazu betrachtet man einfach

3.6 Determinanten und Gitterpunktwege

- n Anfangspunkte $A_i = (0, i), i = 1, \ldots, n$
- sowie n Endpunkte $B_j = (m, j), j = 1, \ldots, n$,

und deutet den Binomialkoeffizienten als Anzahl aller Gitterpunktwege:

$$\binom{m+j-i}{j-i} = \#(\mathcal{W})(A_i \to B_j).$$

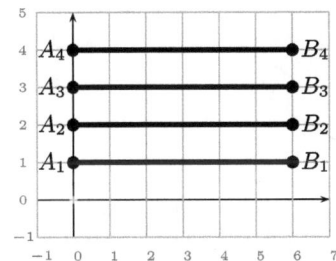

Die Grafik (für $m = 6, n = 4$) macht klar, dass es in dieser Situation nur ein einziges 4-Tupel[10] nichtüberschneidender Gitterpunktwege gibt, und zwar für die Permutation id (identische Abbildung), also mit Signum $+1$.

3.6.6 Rhombustilings und nichtüberschneidende Gitterpunktwege

Für eine interessante Anwendung dieser Überlegungen kehren wir zu den Tilings eines (a, b, c)-Sechsecks (bzw. Plane Partitions bzw. Würfelstapel, die ja „dieselben kombinatorischen Objekte sind, nur anders betrachtet") zurück: Bei Betrachtung des rechten Bildes in Abb. 3.2 wird klar, dass Würfelstapel in einem Quader mit Seitenlängen a, b und c eindeutig durch a „Gitterpunktwege im Raum" beschrieben werden können, die b horizontale und c vertikale Schritte enthalten, und die (natürlich) nichtüberschneidend sind.

Diese Gitterpunktwege im Raum sind in unseren Bildern (siehe das linke Bild in Abb. 3.7) aber bereits in der Ebene gezeichnet, und es ist ganz offensichtlich, dass diese ebenen Darstellungen räumlicher Wege durch eine einfache geometrische Transformation eindeutig in a „normale" (ebene; und wieder nichtüberschneidende) Gitterpunktwege übersetzt werden können (siehe das rechte Bild in Abb. 3.7), die

- in den Anfangspunkten $A_i := (1 - i, i - 1)$ beginnen
- und in den Endpunkten $B_j := (1 - j + b, j - 1 + c)$ enden,

für $i = 1, 2, \ldots, a$ bzw. für $j = 1, 2, \ldots, a$.

---

[10] Lateiner*innen sagen zu einem 4-Tupel auch Quadrupel.

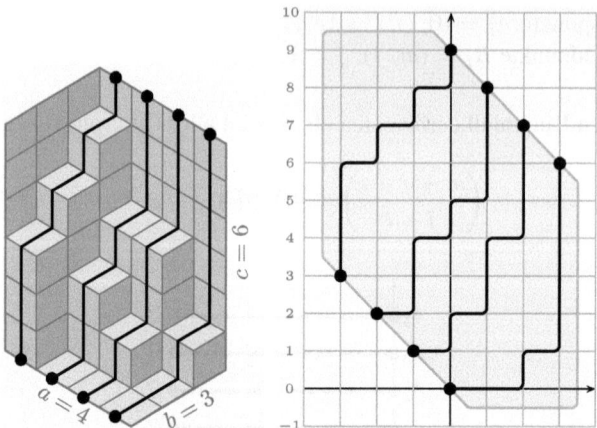

Abb. 3.7 Das linke Bild zeigt den „Würfelstapel" einer Plane Partition mit den (natürlich nichtüberschneidenden) Gitterpunktwegen im Raum, die diesem Würfelstapel eindeutig entsprechen. Das rechte Bild zeigt die (wieder nichtüberschneidenden) Gitterpunktwege in der Ebene, die durch eine offensichtliche geometrische Transformation den Gitterpunktwegen im Raum aus dem linken Bild eindeutig entsprechen

Gemäß (3.23) ist die Anzahl aller (ebenen) Gitterpunktwege von A_i nach B_j gleich dem Binomialkoeffizienten

$$\binom{b+c}{c+j-i},$$

also ist gemäß Satz 3.6.1 die Anzahl aller nichtüberschneidenden Gitterpunktwege (also auch die Anzahl der Tilings des (a, b, c)-Sechsecks) gleich der $a \times a$-Determinante

$$\det\left(\binom{b+c}{c+j-i}\right)_{i,j=1}^{a}. \qquad (3.25)$$

Nun können wir endlich den Beweis des Satzes 3.4.1 präsentieren:

Beweis des Satzes von MacMahon Wir müssen zeigen, dass die Determinante (3.25) gleich dem Dreifachprodukt (3.14) ist.

Wenn wir für $j = 1, 2, \ldots, a$ aus der Spalte j in der Determinante (3.25), also in

$$\det\left(\frac{(b+c)!}{(b-j+i)!\,(c+j-i)!}\right)_{i,j=1}^{a}$$

den Faktor

$$\frac{(b+c)!}{(b-j+a)!\,(c+j-1)!}$$

3.6 Determinanten und Gitterpunktwege

herausheben (siehe Aussage 1 in Proposition 3.6.1), dann ist die Determinante (3.25) gleich dem Faktor

$$\prod_{j=1}^{a} \frac{(b+c)!}{(b-j+a)!\,(c+j-1)!}$$

multipliziert mit einer $a \times a$-Determinante, deren Eintragung in Position (i, j) gleich

$$((b-j+a)(b-j+a-1)\cdots(b-j+i+1)) \\ \times ((c+j-i+1)(c+j-i+2)\cdots(c+j-1))$$

ist. Wenn wir hier für $i = 1, 2, \ldots, a$ den Faktor $(-1)^{a-i}$ aus Zeile i herausheben (siehe wieder Aussage 1 in Proposition 3.6.1), dann erhalten wir einen weiteren Faktor $(-1)^{\binom{a}{2}}$, multipliziert mit einer $a \times a$-Determinante, deren Eintragung in Position (i, j) gleich

$$((j-b-a)(j-b-a+1)\cdots(j-b-i-1)) \\ \times ((c+j-i+1)(c+j-i+2)\cdots(c+j-1))$$

ist. Die Transponierte der dieser Determinante zugrunde liegenden Matrix hat die Eintragung

$$((i-b-a)(i-b-a+1)\cdots(i-b-j-1)) \\ \times ((c+i-j+1)(c+i-j+2)\cdots(c+i-1))$$

in Position (i, j), und gemäß Beobachtung 3.6.1 dieselbe Determinante. Jetzt erkennen wir den Spezialfall

$$n = a,\ x_i = i,\ a_j = -b-j,\ b_j = c-j+1$$

der allgemeinen Determinantenberechnung (3.21) aus Lemma 3.6.2 und erhalten daraus insgesamt die folgende Produktdarstellung für die Determinante (3.25):

$$(-1)^{\binom{a}{2}} \cdot \left(\prod_{i=1}^{a} \frac{(b+c)!}{(b-i+a)!\,(c+i-1)!} \right) \\ \times \prod_{1 \le i < j \le a} (i-j) \prod_{2 \le i \le j \le a} ((c-i+1)-(-b-j)),$$

die wir etwas kompakter so schreiben (das Hineinmultiplizieren des Faktors $(-1)^{\binom{a}{2}}$ dreht alle Faktoren $(i-j)$ in $(j-i)$ um):

$$\prod_{i=1}^{a} \frac{(b+c)!}{(b-i+a)!\,(c+i-1)!} \prod_{1 \le i < j \le a} (j-i) \prod_{2 \le i \le j \le a} (b+c+j-i+1).$$

Damit haben wir bereits eine Produktdarstellung für die Determinante (3.25); der Rest unseres Beweises besteht nur noch aus rechnerischen Umformungen.

Unter Verwendung des Pochhammer-Symbols

$$(x)_k := x \cdot (x+1) \cdots (x+k-1)$$

erhalten wir zunächst

$$\prod_{i=1}^{a} \frac{(b+c)!}{(b-i+a)!(c+i-1)!} \prod_{k=1}^{a} (k-1)! \prod_{k=1}^{a} (b+c+1)_{k-1},$$

und nach Zusammenfassung in ein Produkt und leichter Umformung erhalten wir

$$\prod_{i=1}^{a} \frac{(b+c+i-1)!(i-1)!}{(b+i-1)!(c+i-1)!} = \prod_{i=1}^{a} \frac{(c+i)_b}{(i)_b}.$$

Die Quotienten von Pochhammer-Symbolen können wir als Produkte schreiben, das ergibt

$$\prod_{i=1}^{a} \prod_{j=1}^{b} \frac{c+i+j-1}{i+j-1}.$$

Die hier auftretenden Faktoren sind Brüche, die wir wiederum zu Quotienten von Pochhammer-Symbolen erweitern können, das ergibt

$$\prod_{i=1}^{a} \prod_{j=1}^{b} \frac{(i+j)_c}{(i+j-1)_c} = \prod_{i=1}^{a} \prod_{j=1}^{b} \prod_{k=1}^{c} \frac{i+j+k-1}{i+j+k-2},$$

also genau das behauptete Dreifachprodukt (3.14). □

3.6.7 Das Spiegelungsprinzip und die Catalan-Zahlen

Für eine weitere interessante Anwendung der Lindström-Gessel-Viennot-Involution betrachten wir eine eingeschränkte Familie von Gitterpunktwegen, die einer zusätzlichen Bedingung genügen (siehe auch Bemerkung 3.6.4):

Proposition 3.6.3 (Spiegelungsprinzip) Seien $A = (x_A, y_A)$, $B = (x_B, y_B)$ zwei Punkte des ganzzahligen Gitters $\mathbb{Z} \times \mathbb{Z}$. Für $k \in \mathbb{N}$ sei g_k die Gerade mit Anstieg 1, die durch den Punkt $(x_A, y_A - k)$ führt; also mit der Gleichung

$$g_k : y = x + (y_A - x_A - k).$$

3.6 Determinanten und Gitterpunktwege

Dann ist die Anzahl aller Gitterpunktwege, die von A nach B führen, aber die Gerade g vermeiden (d. h. keinen Punkt der Geraden g enthalten), gleich

$$\binom{(x_B - x_A) + (y_B - y_A)}{x_B - x_A} - \binom{(x_B - x_A) + (y_B - y_A)}{x_B - x_A - k}.$$

Beweis Klarerweise sind die Anzahlen von Gitterpunktwegen invariant unter einer Translation (Parallelverschiebung) der Anfangs- und Endpunkte, daher können wir o. B. d. A. $A = (x_A, y_A) = (0, 0)$ (also Geradengleichung g_k: $y = x - k$) annehmen.

Der Beweis der Aussage basiert auf dem Spiegelungsprinzip [And87]: Sei w ein Gitterpunktweg von A nach B, der Punkte auf der Geraden g_k enthält, und sei S der lexikografisch minimale solche Punkt. Dann können wir den Anfangsabschnitt von w bis zum Punkt S an der Geraden g spiegeln und erhalten dadurch einen Weg, der vom Punkt $A' = (k, -k)$ (das ist der Bildpunkt von A unter der Spiegelung an g_k) nach B führt, und diese Konstruktion liefert eine Bijektion zwischen

- den Gitterpunktwegen von A nach B, die Punkte auf der Geraden g_k enthalten,
- und den Gitterpunktwegen von A' nach B (die notwendigerweise Punkte auf der Geraden g_k enthalten, da A' und B auf verschiedenen Seiten von g_k liegen).

Die gesuchte Anzahl der Gitterpunktwege von A nach B, die die Gerade g_k vermeiden, ist daher

$$\binom{x_B + y_B}{x_B} - \binom{x_B + y_B}{x_B - k}.$$

Abb. 3.8 illustriert diese Überlegung. □

Definition 3.6.5 (Catalan-Zahlen) Die Anzahl aller Gitterpunktwege, die vom Punkt $(0, 0)$ zum Punkt (n, n) führen, aber keinen Punkt der Geraden g: $x = y - 1$ enthalten, ist gemäß Proposition 3.6.3 gleich

$$\binom{2n}{n} - \binom{2n}{n-1} = \frac{1}{n+1}\binom{2n}{n}:$$

Diese Zahlen heißen die Catalan-Zahlen, sie werden üblicherweise mit C_n bezeichnet.

In leichter Verallgemeinerung definieren wir für $k \geq 1$

$$C_{k,n} := \binom{2n + k - 1}{n} - \binom{2n + k - 1}{n - 1} = \frac{k}{n+k}\binom{2n + k - 1}{n}.$$

Es gilt also $C_n = C_{1,n}$, und $C_{k,n}$ ist die Anzahl aller Gitterpunktwege, die vom Punkt $(0, 0)$ zum Punkt $(n, n + k - 1)$ führen, aber die Gerade g: $x = y - k$ vermeiden (also: immer strikt oberhalb von g bleiben).

Bemerkung 3.6.5 Wir knüpfen nun an Bemerkung 3.6.4 an: Wenn zwei Gitterpunktwege w_1, w_2, die beide oberhalb einer vorgegebenen Gerade g bleiben, einander schneiden, dann bleiben die Wege w_1', w_2', die durch die Anwendung der Lindström-Gessel-Viennot-Involution auf w_1, w_2 entstehen, auch oberhalb von g: Die Aussage von Satz 3.6.1 bleibt also auch für Tupel solcher Gitterpunktwege richtig.

Beispiel 3.6.2 Wir betrachten für $n \in \mathbb{N}$ die Matrix

$$M_n = \left(\frac{1}{i+j} \cdot \binom{2(i+j-1)}{i+j-1} \right)_{i,j=1}^n = \left(C_{i+j-1} \right)_{i,j=1}^n .$$

Zum Beispiel ist

$$M_5 = \begin{pmatrix} 1 & 2 & 5 & 14 & 42 \\ 2 & 5 & 14 & 42 & 132 \\ 5 & 14 & 42 & 132 & 429 \\ 14 & 42 & 132 & 429 & 1430 \\ 42 & 132 & 429 & 1430 & 4862 \end{pmatrix}$$

Die Determinante dieser Matrix M_n sehen Ungeübte wahrscheinlich nicht mehr „auf den ersten Blick": Tatsächlich gilt aber einfach

$$\det(M_n) = 1 \text{ für alle } n \in \mathbb{N}.$$

Das erkennt man rasch mit folgender Deutung der Matrix M_n: Wir betrachten

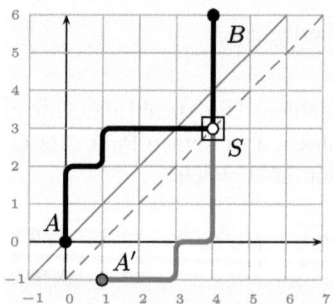

Abb. 3.8 Illustration des Spiegelungsprinzips: Um die Anzahl der Gitterpunktwege zu erhalten, die vom Anfangspunkt $A = (0, 0)$ zum Endpunkt $B = (4, 6)$ führen, aber keinen Punkt der Gerade $g: y = x - 1$ enthalten, subtrahieren wir von der Anzahl $\binom{4+6}{4} = \binom{10}{4}$ aller Gitterpunktwege von A nach B die Anzahl der Gitterpunktwege von A nach B, die einen Punkt der Geraden g enthalten; die letzteren entsprechen bijektiv den Gitterpunktwegen (ohne Einschränkung) von $A' = (1, -1)$ (das ist das Bild von A unter der Spiegelung an g) nach B: Dazu betrachten wir den lexikografisch kleinsten Schnittpunkt S eines Weges w mit g und spiegeln den Anfangsabschnitt dieses Weges, der von A nach S führt, an der Geraden g: Das ergibt einen Weg, der von $A' = (1, -1)$ nach B führt, und die Anzahl aller solchen Gitterpunktwege ist $\binom{3+7}{3} = \binom{10}{3}$. Die gesuchte Anzahl ist also $\binom{10}{4} - \binom{10}{3} = 210 - 120 = 90$

- n Anfangspunkte $A_i = (1-i, 1-i), i = 1, \ldots, n$
- und n Endpunkte $B_j = (j, j), j = 1, \ldots, n$.

Sichtlich ist die (i, j)-Eintragung der Matrix (M_n) die Anzahl aller Gitterpunktwege von A_i nach B_j, die die Gerade $y = x - 1$ vermeiden: Gemäß Satz 3.6.1 in Verbindung mit Bemerkung 3.6.4 „überleben"[11] nur die Terme, die zu Tupeln von nichtüberschneidenden Gitterpunktwegen gehören, das gegenseitige Wegkürzen in der Determinante, das durch die Lindström-Gessel-Viennot-Involution gegeben ist, und die folgende Grafik macht klar, dass es nur ein einziges n-Tupel von nichtüberschneidenden Gitterpunktwegen gibt, die alle die Gerade $y = x - 1$ (in der Grafik als strichlierte Linie gezeichnet) vermeiden:

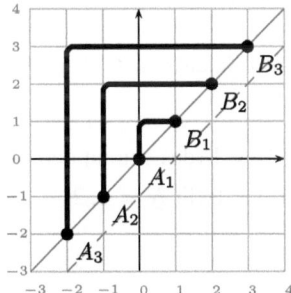

Im Folgenden nenne ich Tupel von Gitterpunktwegen, die Termen entsprechen, die das Wegkürzen durch eine vorzeichenumkehrende Involution „überlebt" haben, einfach Überlebende.

3.7 Ciglers Hankel-Determinanten

Die Determinante einer Matrix, deren (i, j)-Eintragungen nur von der Summe $(i + j)$ abhängen (wie in unserem eben betrachteten Beispiel M_n), nennt man eine Hankel-Determinante.

Professor Cigler, in dessen Kombinatorikvorlesungen ich vor über 40 Jahren (neben vielen weiteren interessanten Themen) die Catalan-Zahlen kennenlernte, ist auch nach seiner Emeritierung noch immer neugierig: In Preprints [Cigb, Ciga] aus 2023 betrachtete er Hankel-Determinanten von verallgemeinerten Catalan-Zahlen (siehe Definition 3.6.5)

$$D_{K,M}(N) := \det\bigl(C_{K,i+j+M}\bigr)_{i,j=0}^{N-1}, \tag{3.26}$$

---

[11] „Komische Wortwahl!" merkte meine Kollegin Alexandra Edletzberger an: Die Ausdrucksweise klingt morbid, aber mit den „Überlebenden" sind hier einfach jene Terme (bzw. die den Termen entsprechenden Tupel von Gitterpunktwegen) in der Summe gemeint, die nach dem Wegkürzen noch übrig sind.

für $M \in \mathbb{Z}$ und $K, N \in \mathbb{N}$, $K \geq 1$, und präsentierte Vermutungen [Cigb, Conjecture 1, Gl. (7) und (8)] für diese Determinanten, die ich hier als Satz formuliere, denn ich möchte nun einen bijektiven Beweis dafür skizzieren (die Details finden sich in meinem Preprint [Ful]). Die Darstellung der Argumentation wird hier etwas einfacher, wenn man die Nummerierung von Anfangs- und Endpunkten bei 0 beginnt statt bei 1, und dementsprechend die Permutationsgruppe $\mathfrak{S}_n$ als Menge der Bijektionen auf der Menge $\{0, 1, \ldots, n-1\}$ (statt auf der Menge $\{1, 2, \ldots, n\}$) umdefiniert.

Bemerkung 3.7.1 An dieser Stelle muss ich aber auch festhalten, dass Professor Cigler kurz nach diesem bijektiven Beweis einen eleganten und kurzen rechnerischen Beweis lieferte, der auf früheren Resultaten von Cigler [Cigc, Proposition 2.5] und Andrews & Wimp [AW02] basiert.

Satz 3.7.1 (Ciglers Vermutung) Seien $m, k \in \mathbb{N}$, mit $m, k > 0$. Dann gelten für $K = 2k$ die Identitäten

$$D_{2k,1-k-m}(0) = 1 \text{ (das stimmt definitionsgemäß)},$$
$$D_{2k,1-k-m}(N) = 0 \text{ für } N = 1, 2, \ldots, m+k-1, \qquad (3.27)$$

und für alle $n \in \mathbb{N}$

$$D_{2k,1-k-m}(n+m+k) = (-1)^{\binom{m+k}{2}} D_{2k,1-k+m}(n) \qquad (3.28)$$

Diese Gleichungen werde ich im Folgenden die geraden Identitäten nennen.

Ebenso gelten für $K = 2k - 1$ die Identitäten

$$D_{2k-1,2-k-m}(0) = 1 \text{ (das stimmt definitionsgemäß)},$$
$$D_{2k-1,2-k-m}(N) = 0 \text{ für } N = 1, 2, \ldots, m+k-2, \qquad (3.29)$$

und für alle $n \in \mathbb{N}$

$$D_{2k-1,2-k-m}(n+m+k-1) = (-1)^{\binom{m+k-1}{2}} D_{2k-1,1-k+m}(n) \qquad (3.30)$$

Diese Gleichungen werde ich im Folgenden die ungeraden Identitäten nennen.

Bemerkung 3.7.2 Ich werde den bijektiven Beweis, wie gesagt, hier nur skizzieren: Die Idee ist, grob gesagt, eine zweite vorzeichenumkehrende Involution auf der Menge der Überlebenden zu definieren, die den Determinanten auf den linken Seiten der Identitäten entsprechen, und zu zeigen, dass die „zweimal Überlebenden" (die also auch nach dem Wegkürzen durch diese zweite Involution übrigbleiben), bijektiv den (einfach) Überlebenden (also den Determinanten) auf den rechten Seiten der Identitäten entsprechen, wenn man deren Vorzeichen mit $(-1)^{\binom{m+k}{2}}$ bzw. mit $(-1)^{\binom{m+k-1}{2}}$ (für die geraden bzw. die ungeraden Identitäten) multipliziert.

Diese Konstruktionen und Überlegungen enthalten viele „technische Details" (die ich hier großteils weglasse), aber einige hübsche Bilder (die ich hier zeigen möchte).

3.7 Ciglers Hankel-Determinanten

Für diese Skizze eines bijektiven Beweises interpretieren wir die Eintragung

$$c_{K,i+j+M} = \binom{2(i+j+M)+K-1}{i+j+M} - \binom{2(i+j+M)+K-1}{i+j+M-1}$$

der Determinante (3.26) als Anzahl der Gitterpunktwege, die

- im Anfangspunkt $A_i = (-i - M, -i - M - K + 1)$ beginnen,
- im Endpunkt $B_j = (j, j)$ enden
- und die verbotene Gerade $y = x - K$ vermeiden

(unter der Voraussetzung $2(i+j+M) + K - 1 \geq 0$: Andernfalls wäre die Anzahl der Gitterpunktwege natürlich 0, aber die Binomialkoeffizienten könnten ungleich 0 sein[12]).

Gemäß Satz 3.6.1 ist die Determinante die Summe über die Vorzeichen aller nichtüberschneidenden Gitterpunktwege von A_i nach $B_{\pi(i)}$, für eine Permutation $\pi \in \mathfrak{S}_N$: Wie gesagt, nennen wir diese nichtüberschneidenden Gitterpunktwege die Überlebenden (weil sie das durch die Lindström-Gessel-Viennot-Involution gegebene „Wegkürzen überlebt" haben), und wir wollen auf der Familie der Überlebenden, die der Determinante auf der linken Seite der behaupteten Identitäten entsprechen, eine zweite vorzeichenumkehrende Involution konstruieren und nachweisen, dass die „zweimal" Überlebenden (die also auch nach dem Wegkürzen durch die zweite Involution noch da sind) bijektiv auf die (einfach) Überlebenden abgebildet werden können, die der Determinante auf der rechten Seite der behaupteten Identitäten entsprechen, wobei ein allfälliger Vorzeichenwechsel durch einen Faktor 1 oder -1 gegeben ist, der für alle Überlebenden (bzw. zweimal Überlebenden) konstant ist.

3.7.1 Erzwungene Segmente von Überlebenden

Es ist offensichtlich, dass die einzelnen Wege in Überlebenden (also in Tupeln von Gitterpunktwegen, deren entsprechende Terme nicht durch eine vorzeichenumkehrende Involution weggekürzt wurden) nicht mit einem horizontalen Schritt beginnen können, weil sie ja die verbotene Gerade vermeiden müssen: Jeder solche Weg beginnt also mit einem erzwungenen Anfangsabschnitt von lauter vertikalen Schritten, und da Überlebende ja auch nichtüberschneidend sind, ist die Länge des erzwungenen Anfangssegments, das in A_{i+1} startet, um 2 größer als die Länge des erzwungenen Anfangssegments, das in A_i startet; außer wenn ein solches erzwungenes Anfangssegment „in einen Endpunkt B_j hineinführt": In diesem Fall hört das erzwungene Anfangssegment in B_j auf (und alle Überlebenden müssen diesen nur aus vertikalen Schritten bestehenden Weg enthalten, der in B_j endet – im Spezialfall,

---

[12] Zum Beispiel: Für $M = -1$, $K = 1$ und $i = j = 0$ ist $\binom{2(i+j+M)+K-1}{i+j} = \binom{-2}{0} = 1$.

dass ein Anfangspunkt A_i mit einem Endpunkt B_j übereinstimmt, ist das in A_i beginnende erzwungene Anfangssegment leer, d. h., es besteht aus 0 vertikalen Schritten). Anstatt der „ursprünglichen" Anfangspunkte können wir also die Endpunkte solcher erzwungenen Anfangssegmente als neue Anfangspunkte der Überlebenden betrachten.

In Worten klingt das vielleicht kompliziert, aber die folgenden Bilder (mit $K = 4$, $M = -2$ und $N = 4$) machen schnell klar, wie das alles gemeint ist: Das linke Bild zeigt die „ursprünglichen" Anfangs- und Endpunkte, das mittlere Bild zeigt die erzwungenen Anfangssegmente, und das rechte Bild die erzwungenen neuen Anfangspunkte: Anfangspunkte sind als schwarz ausgefüllte Kreise und Endpunkte als weiß ausgefüllte Kreise gezeichnet, und Endpunkte, die nur auf eine einzige Weise (nämlich durch ein erzwungenes Segment, einen aus lauter senkrechten Schritten bestehenden Weg) von einem Anfangspunkt aus erreicht werden können, sind schwarz und weiß ausgefüllt. Lässt man die erzwungenen Segmente weg (wie im rechten Bild), erscheinen die schwarz und weiß ausgefüllten Punkte zugleich als Anfangs- und Endpunkte, die durch Wege der Länge 0 mit sich selbst verbunden sind.

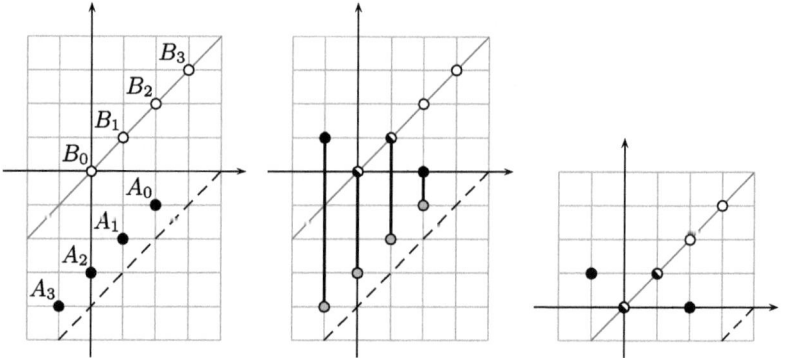

In der hier gezeigten Situation gilt für die (einzelnen) Wege eines Überlebenden (also eines nichtüberschneidenden Tupels von Wegen):

- der Weg, der in A_1 startet, muss in B_1 enden,
- der Weg, der in A_2 startet, muss in B_0 enden,

und die entsprechende erzwungene Teilpermutation

$$\pi: 1 \mapsto 1,\ 2 \mapsto 0$$

der Länge 2 ist absteigend und trägt somit $(-1)^{\binom{2}{2}} = (-1)$ zum Signum der Gesamtpermutation bei (das davon abhängt, ob der in A_0 beginnende Weg in B_2 oder in B_3 endet; für beide Möglichkeiten gibt es Überlebende). Hier ahnt man bereits die Ursache für die Faktoren $(-1)^{\binom{m+k}{2}}$ bzw. $(-1)^{\binom{m+k-1}{2}}$ in den Gl. (3.28) bzw. (3.30), aber das müssen wir uns genauer ansehen: Wir untersuchen also die Positionen der

3.7 Ciglers Hankel-Determinanten

erzwungenen Anfangspunkte von nichtüberschneidende Gitterpunktwegen, die der linken Seite bzw. der rechten Seite

- der geraden Identitäten (3.27) und (3.28)
- sowie der ungeraden Identitäten (3.29) und (3.30)

entsprechen. Als Beispiel betrachten wir

- die gerade Identität für $k = 2$, $m = 4$ und $n = 2$
- sowie die ungerade Identität für $k = 3$, $m = 4$ und $n = 3$.

In den folgenden Bildern erkennen wir

- erzwungene Anfangspunkte, die nicht zugleich Endpunkte sind (Farbe schwarz),
- Endpunkte, die nicht zugleich erzwungene Anfangspunkte sind (Farbe weiß),
- und erzwungene Anfangspunkte, die zugleich Endpunkte sind (Farben schwarz und weiß); wir nennen solche Punkte zweifärbig).

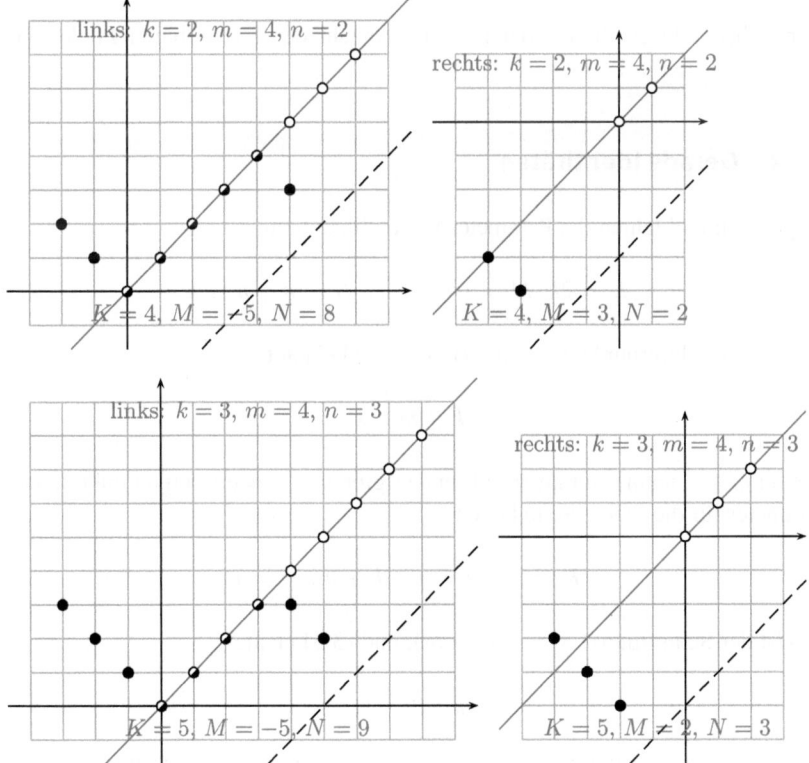

Um zu zeigen, dass

- es immer zweifärbige Punkte für die linke Seite,
- aber nie zweifärbige Punkte für die rechte Seite

gibt (wie die obigen Bilder nahelegen), halten wir fest, dass die ersten erzwungenen Anfangspunkte auf der Geraden

$$(y = -x - 2M - K + 2)$$

mit Anstieg -1 durch den Punkt $(-M, -M - K + 2)$ liegen. Diese Gerade schneidet die Diagonale $(y = x)$ (auf der die Endpunkte liegen) im Punkt

$$S = \left(-M + 1 - \frac{K}{2}, -M + 1 - \frac{K}{2}\right),$$

daher kann es Endpunkte, die zugleich Anfangspunkte sind, nur geben, wenn die folgende Gleichung erfüllt ist:

$$-M + 1 - \frac{K}{2} \geq 0 \iff \frac{K}{2} \leq -M + 1. \tag{3.31}$$

Wenn Gl. (3.31) erfüllt ist, dann ist die Anzahl der zweifärbigen Punkte gleich $\lfloor -M + 1 - \frac{K}{2} \rfloor + 1$.

3.7.2 Gerade Identitäten

Im geraden Fall lauten die Parameter für die linke Seite

$$K = 2k, M = 1 - k - m, N = n + m + k,$$

also ist der Schnittpunkt $S = (m, m)$, und (3.31) lautet

$$k \leq m + k,$$

was für $m \geq 0$ natürlich immer gilt (und es gibt $m + 1$ zweifärbige Punkte), und die Parameter für die rechte Seite lauten

$$K = 2k, M = 1 - k + m, N = n,$$

also ist der Schnittpunkt $S = (-m, -m)$, und (3.31) lautet

$$k \leq k - m,$$

was für $m \geq 1$ natürlich immer falsch ist (und es gibt in diesem Fall keine zweifärbigen Punkte).

3.7.3 Ungerade Identitäten

Im ungeraden Fall lauten die Parameter für die linke Seite

$$K = 2k - 1, M = 2 - k - m, N = n + m + k - 1,$$

also ist der Schnittpunkt $S = \left(m - \frac{1}{2}, m - \frac{1}{2}\right)$, und (3.31) lautet

$$k - \frac{1}{2} \leq m + k - 1,$$

was für $m \geq 1$ natürlich immer gilt (und es gibt m zweifärbige Punkte), und die Parameter für die rechte Seite lauten

$$K = 2k - 1, M = 1 - k + m, N = n,$$

also ist der Schnittpunkt $S = \left(-m + \frac{1}{2}, -m + \frac{1}{2}\right)$, und (3.31) lautet

$$k - \frac{1}{2} \leq -m + k,$$

was für $m \geq 1$ natürlich immer falsch ist (und es gibt in diesem Fall keine zweifärbigen Punkte).

3.7.4 Gerade und ungerade Identitäten

Es ist nun leicht zu sehen, dass für die linke Seite und für die rechte Seite die Anzahl jener Anfangspunkte, die strikt unterhalb der Diagonale ($y = x$) liegen, immer gleich $\min(k - 1, N)$ ist und dass für die linke Seite und $n \geq 0$ die Anzahl der Anfangspunkte

- strikt oberhalb der Diagonale ($y = x$) immer gleich n ist,
- auf der Diagonale (das sind die zweifärbigen Punkte) gleich

  – $m + 1$ ist für den geraden Fall
  – und m ist für den geraden Fall.

Unter Verwendung der Iverson-Notation

$$[\text{„Irgendeine Aussage"}] := \begin{cases} 1 & \text{wenn „Irgendeine Aussage" wahr ist} \\ 0 & \text{sonst} \end{cases}$$

können wir das als $(m + [\text{gerade}])$ schreiben.

Die folgenden Bilder zeigen schematisch die Situation:

Wir sehen, dass der Abstand δ zwischen den Orthogonalprojektionen

- des ersten Anfangspunkts (für die linke Seite: oberhalb der Diagonale ($y = x$))
- und des ersten Endpunkts (für die linke Seite: der nicht zweifärbig ist)

auf die verbotene Gerade für die linke Seite und die rechte Seite derselbe ist (nämlich $\delta = m + \frac{1}{2} \cdot [\text{ungerade}]$).

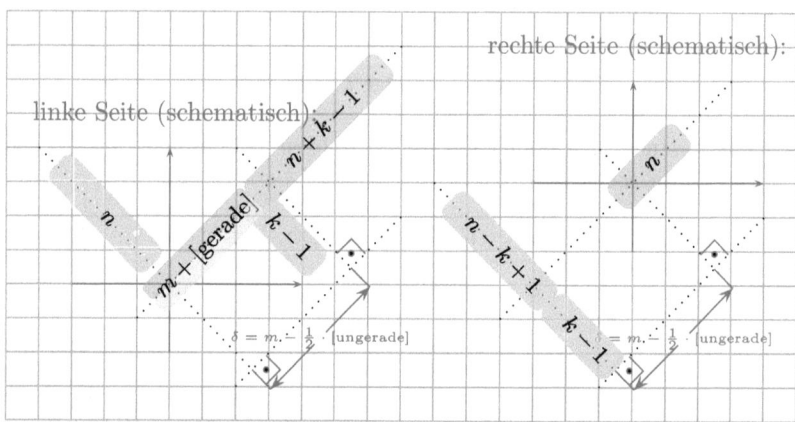

Diese einfachen Beobachtungen liefern bereits den Beweis für die Identitäten (3.27) und (3.29): Wenn für die linke Seite

- im geraden Fall $N < m + k$ gilt
- bzw. im ungeraden Fall $N < m + k - 1$ gilt,

dann kann der Endpunkt $(0, 0)$ von keinem einzigen Anfangspunkt aus erreicht werden, und die Summe der Vorzeichen von nichtüberschneidenden Gitterpunktwege ist daher gleich 0.

Wir müssen also nur mehr die Identitäten (3.28) und (3.30) zeigen: Das will ich im Rahmen dieses Buches aber nur mehr grob skizzieren, weil die Details (zu finden im Preprint [Ful]) zu langwierig und „technisch" sind. Der Plan dieses Beweises ist aber sehr einfach:

1. Finde eine zweite vorzeichenumkehrende Involution ψ auf der Menge aller Überlebenden (also: aller nichtüberschneidenden Gitterpunktwege), die der linken Seite entsprechen.
2. Zeige, dass es eine Bijektion ξ

   - von der Menge der nichtüberschneidenden Gitterpunktwege o mit $\psi(o) = o$ (das sind die Überlebenden des zweiten gegenseitigen Wegkürzens, das durch ψ gegeben ist) für die linke Seite
   - auf die Menge der Überlebenden für die rechte Seite

3.7 Ciglers Hankel-Determinanten

gibt, die das Vorzeichen aller nichtüberschneidenden Gitterpunktwege mit einem konstanten Faktor f multipliziert (d. h. $\forall o: \; sgn(\xi(o)) = f \cdot sgn(o)$), nämlich

- $f = (-1)^{\binom{m+k}{2}}$ im geraden Fall,
- $f = (-1)^{\binom{m+k-1}{2}}$ im ungeraden Fall.

3.7.5 Eine zweite vorzeichenumkehrende Involution

Wir werden die vorzeichenumkehrende Involution ψ auf der Menge der Überlebenden für die linke Seite durch eine Kombination der Lindström–Gessel–Viennot-Idee mit einer einfachen Spiegelung an der Diagonalen $d = (y = x)$ konstruieren.

3.7.5.1 Die gefaltete Situation für die linke Seite

Wenn wir alle nichtüberschneidenden Gitterpunktwege für die linke Seite, die oberhalb von d liegen, an d spiegeln, nennen wir das Ergebnis die gefaltete Situation: In den folgenden Bildern sind die gespiegelten Wege (samt deren gespiegelten Anfangspunkten) grün gezeichnet, und alle anderen Wege (die unterhalb von d liegen) blau.

Zur Illustration betrachten wir die ungerade Identität mit den Parametern $k = 3$, $m = 2$ und $n = 2$ (also $K = 2k - 1 = 5$, $M = 2 - k - m = -3$ und $N = n + m + k - 1 = 6$). Für die entsprechenden Anfangs- und Endpunkte (noch ohne Gitterpunktwege) sieht der Übergang von der ursprünglichen zur gefalteten Situation so aus:

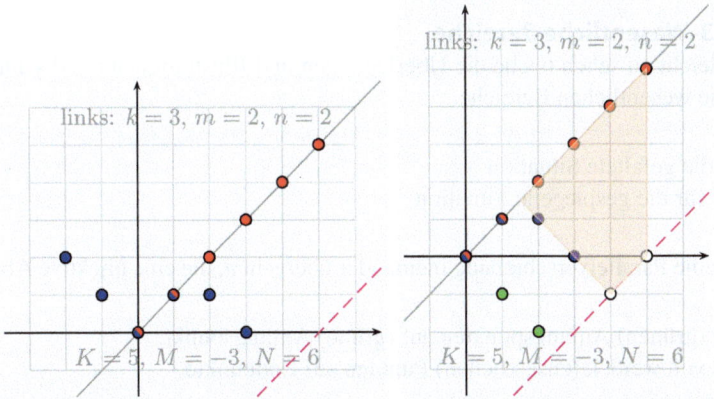

Im rechten Bild, das die gefaltete Situation zeigt, ist ein Trapez farblich markiert, und auf der verbotenen Geraden sind zwei weiße Punkte gezeichnet: Wir nennen das Trapez den wesentlichen Bereich (seine Bedeutung wird bald klar werden, ebenso wie die der weißen Punkte).

3.7.5.2 Die gespiegelte Situation für die rechte Seite

Wenn wir alle nichtüberschneidenden Gitterpunktwege für die rechte Seite und die verbotene Gerade $y = x - K$ an d spiegeln, dann nennen wir das Ergebnis die gespiegelte Situation.

Zur Illustration betrachten wir die ungerade Identität mit den Parametern $k = 3$, $m = 2$ und $n = 2$ (also $K = 2k - 1 = 5$, $M = 1 - k + m = 0$, und $N = n = 2$). Für die entsprechenden Anfangs- und Endpunkte sieht der Übergang von der ursprünglichen zur gespiegelten Situation so aus:

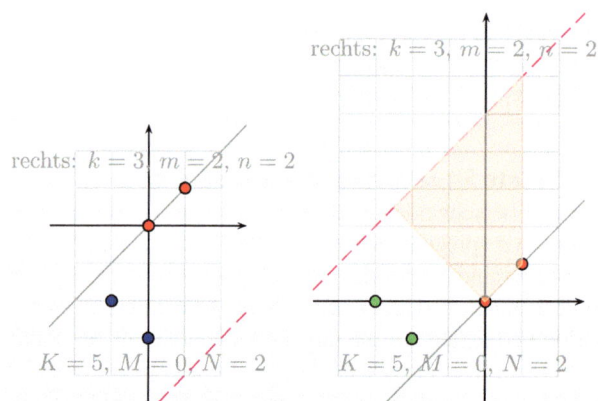

Im rechten Bild, das die gespiegelte Situation zeigt, ist wieder ein Trapez farblich markiert, das wir (wie zuvor) den wesentlichen Bereich nennen.

3.7.5.3 Wesentliche Bereiche

Es ist leicht zu sehen (siehe die Überlegungen und Illustrationen in Abschn. 3.7.4), dass die wesentlichen Bereiche

- für die gefaltete Situation
- und für die gespiegelte Situation

durch eine Parallelverschiebung ineinander übergehen, die eine bijektive Abbildung

- von (grünen) Anfangspunkten auf (grüne) Anfangspunkte
- und von weißen (zusätzlichen) Punkten auf Endpunkte

induziert, die zugleich die Rollen der Diagonale und der verbotenen Linie vertauscht. Diese Kongruenz der wesentlichen Bereiche für die gefaltete und die gespiegelte Situation ist wichtig für den zweiten Schritt in unserem Beweisplan: Natürlich sind die eben betrachteten Spiegelungen vorzeichenerhaltende Bijektionen (die Permutation π wird dadurch ja nicht verändert) von den ursprünglichen Situationen auf die gefalteten bzw. gespiegelten Situationen, also können wir statt einer vorzeichenerhaltenden Bijektion, die

3.7 Ciglers Hankel-Determinanten

- die Überlebenden für die linke Seite, die auch das zweite Wegkürzen überleben, das durch die zweite vorzeichenumkehrende Involution ψ (die wir gleich konstruieren werden)
- auf die Überlebenden für die rechte Seite

abbildet, eine vorzeichenerhaltende Bijektion ξ suchen, die

- die „zweifach Überlebenden" für die linke Seite in der gefalteten Situation
- auf die (einfach) Überlebenden für die rechte Seite in der gespiegelten Situation

abbildet. Diese Bijektion ξ werden wir durch eine Konstruktion erhalten, die nur innerhalb der wesentlichen Bereiche definiert ist (also Stücke von Wegen außerhalb unverändert lässt); das werde ich in der Folge skizzieren.

3.7.5.4 Gefaltete Überlagerung von Wegen
In der folgenden Illustration zeigt das linke Bild nichtüberschneidende Gitterpunktwege (für die linke Seite), und das rechte Bild zeigt die entsprechende gefaltete Situation, die durch Spiegelung aller Wege oberhalb der Diagonalen $d = (y = x)$ entsteht:

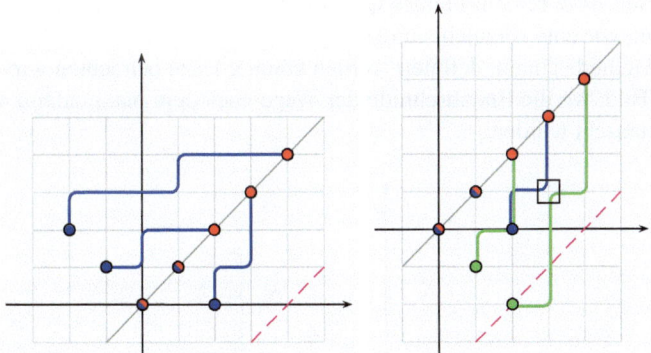

Sichtlich erhalten wir durch diese Spiegelung eine Überlagerung von grünen und blauen Wegen, sodass

- alle Wege (die blauen und die grünen) auf den Bereich $y \leq x$ beschränkt sind,
- blaue Wege zusätzlich auf den Bereich $y > x - K$ beschränkt sind,
- und blaue genauso wie grüne Wege nichtüberschneidend sind, d. h., es gibt keinen Punkt, den

    - zwei blaue
    - oder zwei grüne Wege

    gemeinsam haben.

Wir nennen das eine gefaltete Überlagerung und halten fest: Eine solche gefaltete Überlagerung erscheint als ein gerichteter Teilgraph im Gitter $\mathbb{Z}^2$ mit grünen und blauen Kanten, die

- die normale Orientierung (nach rechts oder nach oben) haben,
- die aber auch in die umgedrehte Richtung (nach links oder nach unten) durchlaufen werden können,

und wo doppelte Kanten (die notwendigerweise die „entgegengesetzten" Farben blau und grün haben müssen) erlaubt sind. Knoten in diesem Graphen, die nur zu grünen bzw. nur zu blauen Kanten gehören, nennen wir grüne Punkte bzw. blaue Punkte, und Knoten, die zu grünen und zu blauen Kanten gehören, nennen wir zweifärbige Punkte.

3.7.5.5 Zweifärbige Punkte und die Lindström–Gessel–Viennot-Idee für gefaltete Überlagerungen

Eine gefaltete Überlagerung kann zweifärbige Punkte haben, wo ein blauer und ein grüner Weg einander schneiden: Im rechten Bild der obigen Illustration gibt es drei solche Punkte, und der maximale (in lexikografischer Ordnung) von diesen drei Punkten ist durch ein kleines Quadrat markiert. In diesem Bild erkennen wir auch sofort, wie eine vorzeichenumkehrende Involution, die der Lindström–Gessel–Viennot-Methode ähnelt, definiert werden könnte: Dazu betrachten wir einfach das folgende Bild, wo die Endabschnitte der Wege nach dem maximalen zweifärbigen Punkt vertauscht wurden:

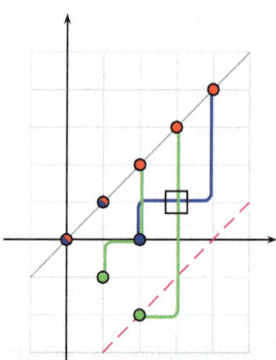

Für unsere Zwecke brauchen wir aber eine etwas kompliziertere Konstruktion. Offensichtlich muss ein zweifärbiger Punkt in einer gefalteten Überlagerung im Durchschnitt der Bereiche

- schwach oberhalb der verbotenen Linie (denn es gibt keine blauen Kanten unterhalb),
- schwach oberhalb der Geraden, die die blauen Anfangspunkte enthält (denn es gibt keine blauen Kanten strikt unterhalb),
- schwach unterhalb der Geraden ($y = x$) (denn alle oberhalb liegenden Wege wurden ja gespiegelt),
- schwach links von der Geraden $x = N - 1$ (denn rechts davon gibt es überhaupt keine Wegabschnitte)

liegen: Das ist der wesentliche Bereich für die gefaltete Situation, und die folgenden Konstruktionen beschränken sich genau auf diesen Bereich.

3.7.5.6 Zweifärbige Verbindungen ergeben die zweite vorzeichenumkehrende Involution

Für jeden Endpunkt B_j in einer gefalteten Überlagerung konstruieren wir einen zweifärbigen Weg wie folgt: Wir beginnen mit

- $P = B_j$,
- und der umgedrehten Kantenorientierung als aktuelle Richtung
- und der eindeutigen Farbe (ein Endpunkt kann nicht zweifärbig sein!) des Weges, der in B_j endet, als aktuelle Farbe.

Solange das möglich ist, durchlaufen wir die mit P inzidente Kante

- mit der aktuellen Farbe
- in die aktuelle Richtung,

zu ihrem anderen Endpunkt Q und setzen $P = Q$; und wenn Q zweifärbig ist, dann vertauschen wir die aktuelle Farbe (blau/grün) und die aktuelle Richtung (normal/umgedreht).

Es ist leicht zu sehen, dass jeder so konstruierte zweifärbige Weg in einem Anfangspunkt oder einem Endpunkt Q endet, wo es keine inzidente Kante der aktuellen Farbe und Richtung mehr gibt: Wir nennen diesen Weg eine zweifärbige Verbindung von B_j und Q.

Die folgende Illustration zeigt diese Konstruktion: Im linken Bild beginnen wir mit dem grünen Endpunkt, der mit Q bezeichnet ist, und im rechten Bild beginnen wir mit dem grünen Endpunkt, der mit P bezeichnet ist.

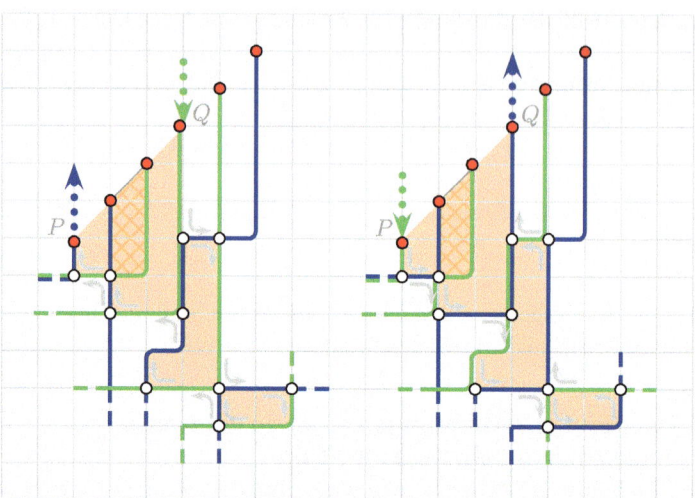

(In den Bildern erkennen wir auch eine kürzere zweifärbige Verbindung von zwei Punkten zwischen P und Q, die durch den schraffierten Bereich markiert ist.)

Sei o eine gefaltete Überlagerung von grünen und blauen Wegen: Wir nennen eine zweifärbige Verbindung c in o,

- die zwei verschiedene Endpunkte $B_a \neq B_b$ verbindet
- und deren grüne Abschnitte niemals die verbotene Gerade schneiden,

eine involutive zweifärbige Verbindung. Kurz gesagt: Eine zweifärbige Verbindung ist involutiv, wenn sie vollständig oberhalb der verbotenen Geraden bleibt.

Klarerweise müssen dann B_a und B_b unterschiedliche Farben haben, und die involutive zweifärbige Verbindung c bleibt stets innerhalb des wesentlichen Bereichs.

Es ist leicht zu sehen, dass das Vertauschen der Farben (grün auf blau, und umgekehrt) für alle Kanten einer involutiven zweifärbigen Verbindung eine andere Überlagerung o' von grünen und blauen Wegen ergibt: Nach Konstruktion

- sind die blauen ebenso wie die grünen Wege in o' wieder nichtüberschneidend,
- und die blauen Wege in o' schneiden die verbotene Linie nicht.

Das rechte Bild oben entsteht durch diese Vertauschung der Farben für alle Kanten der zweifärbigen Verbindung von Q nach P im linken Bild, und umgekehrt.

Jetzt können wir die Involution ψ auf der Familie aller gefalteten Überlagerungen in der gefalteten Situation für die linke Seite definieren: Für alle gefalteten Überlagerungen o, die keine involutive zweifärbige Verbindung enthalten, setzen wir einfach $\psi(o) = o$, und für alle anderen gefalteten Überlagerungen o suchen wir den maximalen Endpunkt B (in lexikografischer Ordnung), für den eine involutive zweifärbige Verbindung existiert, und definieren $\psi(o)$ als die gefaltete Überlagerung o', die sich aus der gerade beschriebenen Vertauschung von Farben für alle Kanten der zweifärbigen Verbindung ergibt, die in B beginnt.

Es ist leicht zu sehen, dass diese Vertauschung von Farben in einer zweifärbigen Verbindung in o

- keine andere zweifärbige Verbindung verändert
- und keine „neuen" zweifärbige Verbindungen erzeugt:

Also ist die Abbildung ψ tatsächlich eine Involution.

Ebenso ist leicht zu sehen: Zweifärbige Verbindungen können einander (oder sich selbst) zwar schneiden, aber niemals überkreuzen. Daher bildet eine zweifärbige Verbindung, die zwei Endpunkte B_a und B_b verbindet, eine „undurchdringliche Barriere" für alle anderen zweifärbigen Verbindungen. Daraus folgt aber sofort, dass die Anzahl der Endpunkte zwischen B_a und B_b immer gerade sein muss. Eine kleine Überlegung (Details im Preprint [Ful]) zeigt, dass für $o \neq \psi(o)$ immer

$$sgn(\psi(o)) = -sgn(o)$$

gilt, also ist ψ tatsächlich eine vorzeichenumkehrende Involution, und die Determinante für die linke Seite in (3.28) und (3.30) erscheint als Summe der Vorzeichen aller nichtüberschneidenden Gitterpunktwege o mit $\psi(o) = o$, die keine involutive zweifärbige Verbindung besitzen und die daher das „zweite Wegkürzen überleben", das durch ψ gegeben ist: Wir nennen diese die gefalteten Überlebenden.

3.7.6 Konstruktion der abschließenden Bijektion (nur mehr in Bildern)

Der nächste Schritt in unserem Beweis ist die Konstruktion einer Bijektion ξ zwischen

- den gefalteten Überlebenden für die linke Seite (in der gefalteten Situation)
- und allen (einfachen) Überlebenden für die rechte Seite (in der gespiegelten Situation)

der Identitäten (3.28) und (3.30). Diese Konstruktion basiert auf elementaren, aber langwierigen und teils ziemlich technischen graphentheoretischen Überlegungen, die den Rahmen diese Buches sprengen würden und die ich hier daher weglasse; die hübschen Bilder, die diese Konstruktion illustrieren, möchte ich aber zeigen.

Aus den (hier ausgelassenen) elementaren Überlegungen ergibt sich, dass ein gefalteter Überlebender (für die linke Seite) tatsächlich eine sehr einfache Struktur haben muss: Das Muster der blauen und grünen Wege im wesentlichen Bereich bildet eine „Überdeckung durch vertikale Rechtecke", die alle dieselbe Breite 1 haben. Das folgende Bild macht visuell klar, wie das gemeint ist: Es zeigt einen gefalteten Überlebenden im ungeraden Fall mit Parametern $k = 7$, $m = 4$ und $n = 9$, also $K = 13$, $M = -9$ und $N = 19$ für die linke Seite (wobei die „nur mehr vertikalen" Stücke der Wege oberhalb $y = 5$ abgeschnitten wurden; nur damit das Bild nicht zu hoch wird):

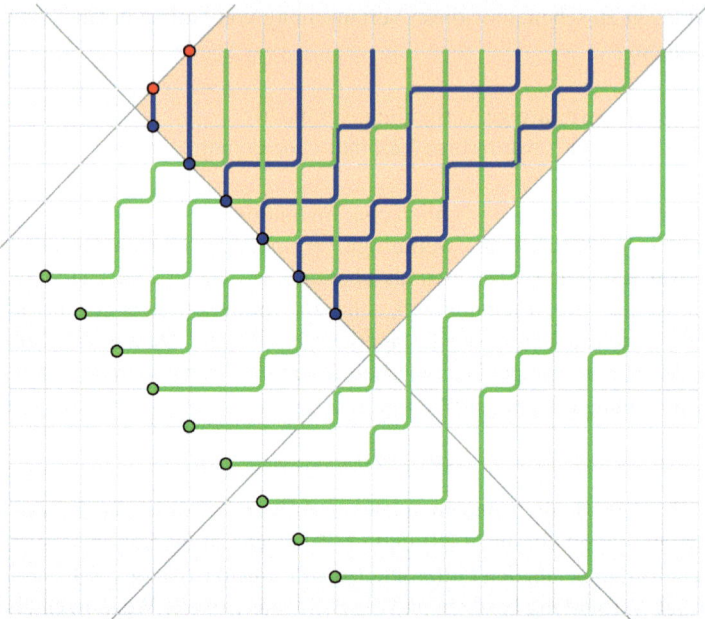

Ebenso folgt aus den (hier ausgelassenen) elementaren Überlegungen: Der Rand dieser vertikalen Rechtecke kann zwar Kanten enthalten, die sowohl blau als auch grün sind, aber die erste Kante

- „vom linken unteren Eckpunkt nach oben"
- und „vom rechten oberen Eckpunkt nach unten"

ist immer einfärbig (grün oder blau). Die Farben dieser ersten Kanten definieren also vier Typen von solchen Rechtecken:

- blau-blau,
- blau-grün,
- grün-blau,
- und grün-grün.

Weiters folgt aus den (hier ausgelassenen) elementaren Überlegungen: Diese vertikalen Rechtecke müssen

- von links oben nach rechts unten in zusammenhängenden Ketten vom selben Typ „aufgefädelt" sein
- und mit einer grünen Kante auf der verbotenen Gerade „enden".

3.7 Ciglers Hankel-Determinanten

Das folgende Bild (wie zuvor oberhalb $y = 5$ abgeschnitten, nun aber auch eingeschränkt auf den wesentlichen Bereich) macht klar, wie das gemeint ist: Die vertikalen Rechtecke sind entsprechend ihrem Typ farblich markiert, und die „Auffädelung" auf zusammenhängenden Ketten von Rechtecken gleichen Typs ist durch weiße Linien angedeutet, die von links oben nach rechts unten verlaufen.

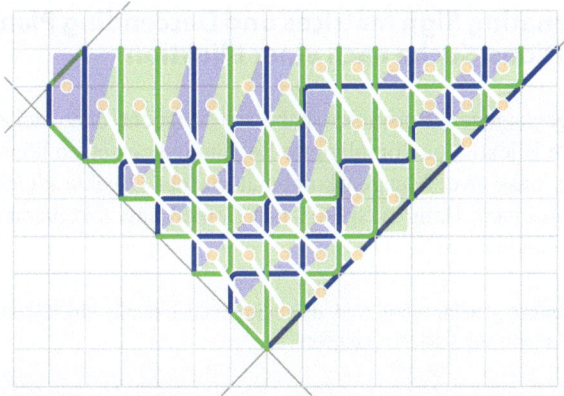

Wenn man diese zusammenhängenden Ketten „von links unten nach rechts oben quert" (immer längs der begrenzenden Kanten der vertikalen Rechtecke), ergeben sich nichtüberschneidende Gitterpunktwege, die in der gespiegelten Situation für die rechte Seite auftreten. Im folgenden Bild sind diese rot eingezeichnet:

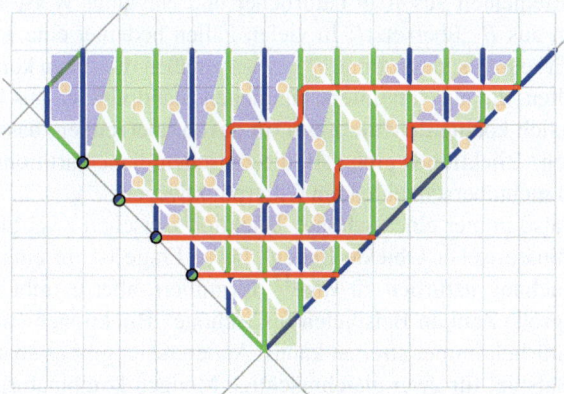

Die hier angedeutete Konstruktion ist aber auch umkehrbar: Es ist leicht zu sehen, dass man nichtüberschneidende Gitterpunktwege, die in der gespiegelten Situation für die rechte Seite auftreten, in zusammenhängende Ketten vertikaler Rechtecke vom selben Typ übersetzen kann, und eine genaue Betrachtung (des Signums) der Permutationen, die dabei

- in der gefaltete Situation für die linke Seite
- und in der gespiegelten Situation für die rechte Seite

auftreten, schließt den Beweis ab (der hier, wie gesagt, nur skizziert wurde).

3.8 Alternating Sign Matrices und Descending Plane Partitions: Suche nach einer Bijektion

In den vorangegangenen Beispielen habe ich versucht darzustellen, wie geeignet konstruierte Bijektionen komplizierte Rechnungen ersetzen können, wenn man zeigen möchte, dass zwei Mengen kombinatorischer Objekte gleichmächtig sind. Leser*innen mit einem Hang zu spöttischen Bemerkungen könnten dazu (sachlich völlig korrekt!) anmerken:

> Wenn zwei Mengen gleichmächtig sind, dann gibt es doch immer eine Bijektion, das ist ja genau die Definition von Gleichmächtigkeit!

Diesem Einwand kann ich entgegenhalten: Wenn zwei Mengen A und B dieselbe Anzahl $n \in \mathbb{N}$ von Elementen haben, dann gibt es für $n > 1$ nicht (nur) eine, sondern $n!$ Bijektionen $A \to B$; also (salopp ausgedrückt) für große n eine Unzahl solcher Bijektionen, wovon die meisten die kombinatorische Struktur der Elemente in A bzw. B überhaupt nicht berücksichtigen und in diesem Sinn „hässlich" sind. Interessant und lohnend ist die Suche nach einer „schönen" Bijektion, die die kombinatorische Struktur von Elementen aus A in natürlicher und eleganter Weise in die Struktur von Elementen aus B „übersetzt": In vielen Fällen bedeutet eine solche „schöne" Bijektion die Erkenntnis, dass A und B gewissermaßen dieselben kombinatorischen Objekte enthalten, die nur von unterschiedlichen Standpunkten aus betrachtet werden. Ich hoffe, ich konnte den*die Leser*in davon überzeugen, dass es tatsächlich solche „schönen" Bijektionen gibt, z. B. die zwischen Plane Partitions, Tilings eines Sechsecks und nichtüberschneidenden Gitterpunktwegen.

Kann man also immer eine „schöne" Bijektion zwischen zwei gleichmächtigen Mengen kombinatorischer Objekte finden? Diese Frage ist für eine mathematisch exakte Untersuchung natürlich zu vage[13] formuliert, aber es gibt jedenfalls eine überraschend große Zahl an Beispielen für „schöne" Bijektionen (wobei man über Geschmack natürlich immer streiten kann). Andererseits gibt es aber auch ein sehr prominentes Beispiel für zwei gleichmächtige Mengen kombinatorischer Objekte, zwischen denen trotz intensiver Suche bisher nur eine sehr komplizierte Bijektion [FK20] gefunden wurde (von meiner sehr geschätzten Kollegin und Büronachbarin Ilse Fischer, gemeinsam mit Matjaž Konvalinka): Einen Versuch, dafür eine einfachere Bijektion zu finden, möchte ich nun zum Abschluss vorstellen. Dazu muss

---

[13] Was soll „immer" und „schön" hier genau bedeuten?

ich zuerst die kombinatorischen Objekte definieren, um die es dabei geht, nämlich Descending Plane Partitions und Alternating Sign Matrices.

3.8.1 Descending Plane Partitions

Den Begriff Plane Partition habe ich bereits in Definition 3.4.1 vorgestellt. Im Jahr 1983 definierten Mills, Robbins und Rumsey [MRR83, Definitions 2–4] einen verwandten Begriff, nämlich Descending Plane Partition:

Definition 3.8.1 (Descending Plane Partition) Eine Descending Plane Partition π ist eine Tabelle $\pi = (a_{i,j})$, $1 \leq i \leq j < \infty$, von positiven ganzen Zahlen

$$\pi = \begin{matrix} a_{1,1} & a_{1,2} & a_{1,3} & \cdots & & \cdots & a_{1,\mu_1} \\ & a_{2,2} & a_{2,3} & \cdots & \cdots & a_{2,\mu_2} \\ & & & \cdots & \\ & & & \cdots & \\ & & & a_{k,k} & \cdots & a_{k,\mu_k} \end{matrix}$$

sodass

1. Zeilen schwach fallend sind, d. h. $a_{i,j} \geq a_{i,j+1}$ für alle $i = 1, \ldots, k$ und $i \leq j < \mu_i$,
2. Spalten strikt fallend sind, d. h. $a_{i,j} > a_{i+1,j}$ für alle $i = 1, \ldots, k-1$ und $i < j \leq \mu_{i+1}$,
3. $a_{i,i} > \mu_i - i + 1$ für alle $i = 1, \ldots, k$,
4. $a_{i,i} \leq \mu_{i-1} - i + 2$ für alle $i = 2, \ldots, k$.

Natürlich folgt aus den Bedingungen 3 und 4 sofort

$$\mu_1 \geq \mu_2 \geq \cdots \geq \mu_k \geq k.$$

Die Zahlen (die wiederholt auftreten dürfen) in einer Descending Plane Partition π nennt man die Teile von π. Die leere Tabelle, die wir mit $\emptyset$ bezeichnen, zählt auch als eine Descending Plane Partition.

Wenn eine Descending Plane Partition π keinen Teil größer als n hat (d. h., π hat höchstens $n-1$ Zeilen), dann sagt man: π hat Dimension n. Also ist eine Descending Plane Partition von Dimension n für alle $k > n$ immer auch eine Descending Plane Partition von Dimension k.

Die Länge einer Zeile i in einer Descending Plane Partition π ist definiert als die Anzahl der Teile in Zeile i (also $\mu_i - i + 1$). Damit können wir die Bedingungen 3 und 4 so reformulieren:

3'. Der erste Teil in Zeile i ist größer als die Länge der Zeile i, für $i = 1, \ldots, k$.
4'. Der erste Teil in Zeile i ist kleiner als die oder gleich der Länge der vorhergehenden Zeile $i - 1$, für $i = 2, \ldots, k$.

Ein Teil $a_{i,j}$ in einer Descending Plane Partition wird speziell genannt, wenn er nicht größer ist als die Anzahl der Teile zu seiner Linken (in seiner Zeile i), also wenn

$$a_{i,j} \leq j - i$$

gilt.

Beispiel 3.8.1 Ein Beispiel für eine Descending Plane Partition ist die folgende Tabelle:

$$\begin{array}{ccccc} 6 & 6 & 6 & 4 & \underline{2} \\ & 5 & 3 & \underline{2} & \underline{1} \\ & & 2 & & \end{array}$$

mit 3 Zeilen und 10 Teilen (in absteigender Reihenfolge)

$$6, 6, 6, 5, 4, 3, 2, \underline{2}, \underline{2}, \underline{1},$$

von denen drei speziell sind, nämlich die unterstrichenen Zahlen

$$\underline{2}, \underline{2}, \underline{1}.$$

Die Zahl 2 in der letzten Zeile ist aber kein spezieller Teil.

Von nun an verwende ich die Abkürzung dpp für Descending Plane Partitions; und die Menge aller dpps der Dimension n bezeichne ich mit $\mathcal{D}_n$.

3.8.2 Alternating Sign Matrices

Ich präsentiere hier wieder die Definition von asms, wie sie von Mills, Robbins und Rumsey [MRR83, Definition 1] formuliert wurde:

Definition 3.8.2 (Alternating Sign Matrix) Eine Alternating Sign Matrix der Dimension n ist eine $n \times n$-Matrix mit folgenden Eigenschaften:

- Alle Einträge der Matrix sind 1, (−1) or 0,
- die Summe über jede Zeile und über jede Spalte der Matrix ergibt 1,
- in jeder Zeile und jeder Spalte haben die Eintragungen, die nicht null sind, alternierendes Vorzeichen (also $+ - + \cdots - +$).

3.8 Alternating Sign Matrices und Descending...

Wenn $A = (A_{i,j})_1^n$ eine asm der Dimension n ist, dann ist die Anzahl der Inversionen in A (siehe [MRR83, S. 344]) definiert als

$$\sum_{\substack{1 \leq i < k \leq n \\ 1 \leq l < j \leq n}} A_{i,j} \cdot A_{k,l}. \tag{3.32}$$

Beispiel 3.8.2 Ein Beispiel für eine Alternating Sign Matrix ist die folgende 5×5 Matrix:

$$\begin{bmatrix} 0 & 1 & 0 & 0 & 0 \\ 0 & 0 & 1 & 0 & 0 \\ 1 & -1 & 0 & 1 & 0 \\ 0 & 1 & 0 & -1 & 1 \\ 0 & 0 & 0 & 1 & 0 \end{bmatrix}.$$

Von nun an verwende ich die Abkürzung asm für Alternating Sign Matrices; und die Menge aller asms der Dimension n bezeichne ich mit $\mathcal{A}_n$.

3.8.3 Die (inzwischen bewiesene) Vermutung von Mills-Robbins-Rumsey

Mills, Robbins und Rumsey [MRR83, Conjecture 3] formulierten die folgende Vermutung:

Vermutung 3.8.1 Seien n, p, i, s nichtnegative ganze Zahlen, $0 \leq p \leq n - 1$.
Sei $\mathcal{A}_n(p, i, s)$ die Menge aller asms

1. der Dimension n (also: $n \times n$ Matrizen),
2. mit genau p Nullen links vom (einzigen) Einser in der ersten Zeile,
3. mit genau s Eintragungen (-1),
4. und mit genau i Inversionen (im eben definierten Sinn, siehe (3.32)).

Sei weiters $\mathcal{D}_n(p, i, s)$ die Menge aller dpps

1. der Dimension n (also: kein Teil ist größer als n),
2. mit genau p Teilen, die gleich n sind,
3. mit genau s speziellen Teilen,
4. mit insgesamt genau i Teilen.

Dann sind die Mengen $\mathcal{A}_n(p,i,s)$ und $\mathcal{D}_n(p,i,s)$ gleichmächtig, was man auch so ausdrückt: Das Tripel von Statistiken[14] (p,i,s) hat auf den Mengen $\mathcal{A}_n$ und $\mathcal{D}_n$ dieselbe Verteilung. Insbesondere sind also $\mathcal{A}_n$ und $\mathcal{D}_n$ gleichmächtig.

Diese Vermutung wurde 2012 von Behrend, Di Francesco und Zinn-Justin [BDZ12, Theorem 1] bewiesen, und von denselben Autoren 2013 durch eine vierte Statistik q für asms und dpps verfeinert [BDZ13]: Diese Statistik q ist

- für asms der Dimension n definiert als die Anzahl der Nullen rechts vom (einzigen) Einser in der letzten Zeile,
- für dpps der Dimension n definiert als die Anzahl der Teile $n-1$ plus die Anzahl der Zeilen der Länge $n-1$.

Behrend, Di Francesco und Zinn-Justin [BDZ13, Theorem 1] konnten zeigen, dass das Quadrupel von Statistiken (p,i,s,q) auf den Mengen $\mathcal{A}_n$ und $\mathcal{D}_n$ dieselbe Verteilung hat.

Bemerkung 3.8.1 Nein, diese nicht auf den ersten Blick naheliegenden Definitionen wurden nicht künstlich zu dem Zweck ersonnen, schwierige Fragestellungen zu formulieren, sondern sie ergeben sich in natürlicher Weise aus mathematischen Betrachtungen: Zum Beispiel tauchten asms im Zuge der (zunächst experimentellen) Untersuchung einer Verallgemeinerung von Dodgsons Kondensationsformel[15] [Dod66] durch David Robbins einfach auf, und erschienen vor diesem Hintergrund sofort als interessante Objekte (siehe auch [Bre99, Abschn. 3.5]).

Tatsächlich kennt man die Anzahlen von $\mathcal{A}_n$ und $\mathcal{D}_n$ [Zei95, Kup96, Bre99]:

$$|\mathcal{A}_n| = |\mathcal{D}_n| = \prod_{j=0}^{n-1} \frac{(3 \cdot n + 1)!}{(n+j)!}. \tag{3.33}$$

Daher gibt es also

$$\left(\prod_{j=0}^{n-1} \frac{(3 \cdot n + 1)!}{(n+j)!} \right)!$$

verschiedene Bijektionen zwischen $\mathcal{A}_n$ und $\mathcal{D}_n$, aber es ist (nach meinem besten Wissen) nach wie vor ganz unklar, ob in dieser Unzahl von möglichen Bijektionen auch eine „schöne" existiert, die einfacher ist als die von Fischer und Konvalinka [FK20] beschriebene, und wenn ja, wie diese aussieht. Ich habe mich selbst längere

---

[14] Das Wort „Statistik" hat hier nicht die umgangssprachlich gewohnte Bedeutung, sondern meint eine Funktion mit ganzzahligen Werten, die gewisse „besondere, interessante Merkmale" in kombinatorischen Objekten codiert.

[15] Das ist ein Verfahren zur iterativen Berechnung von Determinanten.

Zeit mit dieser Frage beschäftigt, konnte aber nur für gewisse einfache Teilmengen von $\mathcal{A}_n$ und $\mathcal{D}_n$, nämlich

- die Teilmenge aller asms ohne Eintragung (-1) (also mit Statistik $s = 0$)
- und die Teilmenge aller dpps ohne spezielle Teile (also wieder mit Statistik $s = 0$),

eine Konstruktion finden [Ful20], die asms mit gegebenem Quadrupel von Statistiken (p, i, s, q) immer auf dpps mit demselben Quadrupel von Statistiken abbildet[16]: Es ist zwar keineswegs sicher, dass eine natürliche, elegante Bijektion diese Eigenschaft hat, aber von einer „schönen" Bijektion könnte man ja durchaus erwarten, dass sie diese Statistiken in dem Sinn respektiert, dass sie Objekte mit demselben Quadrupel von Statistiken aufeinander abbildet.

Alternating Sign Matrices ohne Eintragungen (-1) entsprechen bijektiv Permutationen, und dpps ohne spezielle Teile entsprechen bijektiv Inversionsworten, die wiederum Permutationen eindeutig codieren: Diese Begriffe werde ich nun vorstellen.

3.8.4 Inversionen und Permutationsmatrizen

Definition 3.8.3 (Permutationswort) Eine Permutation $\sigma \in \mathfrak{S}_n$ ist eindeutig bestimmt durch ihr Permutationswort, das ist einfach die Liste der Funktionswerte

$$(\sigma(1), \sigma(2), \ldots, \sigma(n)).$$

Das Permutationswort von $\sigma \in \mathfrak{S}_n$ besteht also einfach aus den Zahlen $1, 2, \ldots, n$, die in eine gewisse Reihenfolge gebracht wurden.

Inversionen einer Permutation (siehe Definition 3.5.3) $\pi \in \mathfrak{S}_n$ sind also Paare (i, j) von Positionen im Permutationswort π,

- für die $i < j$ gilt (d. h.: Position i ist links von Position j im Permutationswort),
- aber $\pi(i) > \pi(j)$ (d. h.: an Position i steht eine größere Zahl als an Position j).

Definition 3.8.4 (Inversionswort) Sei $\sigma \in \mathfrak{S}_n$ eine Permutation der ersten n natürlichen Zahlen $\{1, 2, \ldots, n\}$.

Das Inversionswort von σ ist definiert als das $(n-1)$-Tupel $(a_1, a_2, \ldots, a_{n-1})$, wobei a_k die Anzahl der Inversionen (i, j) mit $\sigma(j) = (n - k)$ ist (d. h., an Position j im Permutationswort von σ steht $(n - k)$).

---

[16] Das ist nun etwas prahlerisch formuliert: Die Statistik s ist ja auf diesen Teilmengen definitionsgemäß gleich 0, also geht es in Wahrheit nur um die drei anderen Statistiken p, i und q.

Für das Inversionswort $(a_1, a_2, \ldots, a_{n-1})$ einer Permutation $\sigma \in \mathfrak{S}_n$ ist a_k also die Anzahl der Zahlen, die größer sind als $(n - k)$, aber im Permutationswort von π links von $(n - k)$ stehen: Daher gilt natürlich

$$0 \leq a_k \leq k \text{ für } k = 1, 2, \ldots, n - 1$$

und

$$a_1 + a_2 + \cdots + a_{n-1} = inv(\sigma),$$

insbesondere ist also

$$0 \leq inv(\sigma) \leq \sum_{i=1}^{n-1} k = \frac{n \cdot (n - 1)}{2}.$$

Proposition 3.8.1 Für $n > 1 \in \mathbb{N}$ ist jedes $(n - 1)$-Tupel natürlicher Zahlen

$$(b_1, b_2, \ldots, b_{n-1})$$

mit der Eigenschaft

$$0 \leq b_k \leq n - k \text{ für } k = 1, 2, \ldots, n - 1$$

das Inversionswort einer eindeutigen Permutation $\sigma \in \mathfrak{S}_n$. Inversionsworte sind in diesem Sinne also nur eine andere „Codierung" für Permutationen.

Beweis Der Beweis basiert auf der obigen Beobachtung, dass der k-te Eintrag a_k des Inversionsworts einer Permutation σ einfach die Anzahl der Elemente links von $(n - k)$ im Permutationswort von σ ist, die größer als $(n - k)$ sind, und baut daraus schrittweise dieses Permutationswort auf: Wir beginnen unsere Konstruktion mit dem 1-Tupel (n).

Im ersten Schritt stellen wir die Frage, an welche der zwei möglichen Positionen

- links von n
- oder rechts von n

im bisher konstruierten Permutationswort (n) (das die Zahlen $> (n - 1)$ enthält, die wir schon positioniert haben) die Zahl $(n - 1)$ gesetzt werden muss: Wenn $a_{n-1} = 0$ ist, dann müssen wir $(n - 1)$ links von n setzen, und wenn $a_{n-1} = 1$, dann müssen wir $(n - 1)$ rechts von n setzen.

In jedem Fall haben wir nun ein 2-Tupel (also ein Paar) vor uns, nämlich

- entweder $(n - 1, n)$
- oder $(n, n - 1)$,

und stellen im zweiten Schritt die Frage, an welche der drei möglichen Positionen

- vor das erste Element,
- zwischen erstem und zweitem Element,
- oder nach dem zweiten Element

die Zahl $(n-2)$ im bisher konstruierten Permutationswort (das die Zahlen $>(n-2)$ enthält, die wir schon positioniert haben) gesetzt werden muss: Genau wie im ersten Schritt beantwortet a_{n-2} diese Frage, und es ist klar, dass wir durch Fortsetzung dieser einfachen Konstruktion schließlich ein (eindeutig bestimmtes) Permutationswort erhalten, das eine (eindeutige) Permutation bestimmt. $\square$

Definition 3.8.5 (Permutationsmatrix) Eine Permutation $\sigma \in \mathfrak{S}_n$ kann durch eine $n \times n$-Matrix M mit Einträgen

$$M_{i,j} = \delta_{i,\sigma(j)}$$

dargestellt werden (wobei $\delta_{x,y}$ das Kronecker-Delta bezeichnet: $\delta_{x,y} = 1$ wenn $x = y$, $\delta_{x,y} = 0$, wenn $x \neq y$). Wir nennen diese Matrix die Permutationsmatrix von σ: Sie enthält

- in jeder Zeile
- und in jeder Spalte

genau einen Einser, sonst lauter Nullen.

Beispiel 3.8.3 Sei $n = 6$, und sei $\sigma \in \mathfrak{S}_6$ die Permutation mit dem Permutationswort

$$\sigma = (631425).$$

Dann ist die der Permutation σ entsprechende Permutationsmatrix

$$\begin{bmatrix} 0 & 0 & 1 & 0 & 0 & 0 \\ 0 & 0 & 0 & 0 & 1 & 0 \\ 0 & 1 & 0 & 0 & 0 & 0 \\ 0 & 0 & 0 & 1 & 0 & 0 \\ 0 & 0 & 0 & 0 & 0 & 1 \\ 1 & 0 & 0 & 0 & 0 & 0 \end{bmatrix},$$

und das der Permutation σ entsprechende Inversionswort ist

$$(1, 1, 1, 3, 2).$$

Bemerkung 3.8.2 Jede Permutationsmatrix ist eine (sehr spezielle) asm (die keine einzige Eintragung (-1) enthält).

In Abschn. 3.8.7 werden wir uns davon überzeugen, dass die Definition der Inversionenanzahl (3.32) für allgemeine asms im Spezialfall von Permutationsmatrizen genau mit der Anzahl der Inversionen der entsprechenden Permutation übereinstimmt.

3.8.5 Ansatz für eine „schöne und einfache" Bijektion

Es scheint alles andere als einfach zu sein, eine einfache Bijektion

$$\Phi : \mathcal{A}_n \to \mathcal{D}_n$$

zu finden. Eine „Einschränkung des Suchraums" auf Bijektionen, die das Quadrupel (p, i, s, q) respektieren, für die also

für alle $a \in \mathcal{A}_n$ haben a und $\Phi(a) \in \mathcal{D}_n$ dasselbe Statistikquadrupel

gilt, erscheint sehr naheliegend; und da könnte man auf die Idee kommen zu versuchen, eine solche „eingeschränkte" Bijektion zuerst einmal für sehr viel einfachere (und ebenfalls gleichmächtige) Teilmengen von $\mathcal{A}_n$ und $\mathcal{D}_n$, zu finden, nämlich für

- die Teilmenge $\mathcal{A}_n^0 \subseteq \mathcal{A}_n$ aller asms ohne Eintragung (-1) (also mit Statistik $s = 0$, das ist die Menge aller $n \times n$ Permutationsmatrizen)
- und die Teilmenge $\mathcal{D}_n^0 \subseteq \mathcal{D}_n$ aller dpps ohne spezielle Teile (also wieder mit Statistik $s = 0$, wir werden gleich sehen, dass diese bijektiv Inversionsworten entsprechen),

natürlich in der Hoffnung, eine solche Bijektion

$$\Psi : \mathcal{A}_n^0 \to \mathcal{D}_n^0$$

irgendwie auf die eigentlich gewünschte Bijektion $\Phi : \mathcal{A}_n \to \mathcal{D}_n$ erweitern zu können.

Tatsächlich konnte ich eine solche „eingeschränkte" Bijektion finden [Ful20] (die Hoffnung auf eine Erweiterung hat sich allerdings bisher leider nicht erfüllt): Diese eingeschränkte Bijektion möchte ich nun vorstellen.

3.8.6 Andere Bijektionen

Es darf nicht unerwähnt bleiben, dass es auch andere Bijektionen $\mathcal{A}_n^0 \to \mathcal{D}_n^0$ gibt: Die (vermutlich) einfachste (die das Inversionswort einer Permutation verwendet) wurde bereits von Lalonde [Lal06, S. 981] angedeutet, und die dort nicht explizit ausgeführte Bijektion von der Menge aller Inversionsworte der Länge $n-1$ auf $\mathcal{D}_n^0$ wurde von Striker [Str11, Lemma 5] nachgeliefert: Striker verwendete „monotone triangles" (ein weitere Familie von interessanten kombinatorischen Objekten, die in diesem Zusammenhang auftauchen; insbesondere spielen sie eine zentrale Rolle als Zwischenschritt in der komplizierten Bijektion von Fischer und Konvalinka [FK20]), um die Bijektion zwischen Inversionsworten und $\mathcal{A}_n^0$ zu konstruieren, aber dieser Zwischenschritt kann entfallen (Lalonde hat das sicherlich klar erkannt, aber nicht explizit ausgeführt).

Keine der Bijektionen von Lalonde und Striker respektiert die Statistik q (siehe Abb. 3.12), und eine weitere (induktiv konstruierte) Bijektion von Ayyer [Ayy10] respektiert die Statistik i nicht (siehe [Ayy10, S. 1786]).

Die Bijektion, die ich konstruieren werde, beruht

- auf einer Visualisierung von Inversionen in asms
- und auf einer Darstellung von dpps durch nichtüberschneidende Gitterpunktwege,

die ich nun vorstellen will.

3.8.7 Inversionen in asms

Definition 3.8.6 Die Eintragung in Position (i, j) (also in Zeile i und Spalte j) in einer asm A nennen wir eine Zelle in A: wenn $A_{i,j} = 0$, dann nennen wir das eine Null-Zelle, andernfalls eine Nicht-Null-Zelle; definitionsgemäß sind Nicht-Null-Zellen entweder 1-Zellen oder (-1)-Zellen.

Es ist leicht zu sehen: Für jede Null-Zelle (i, j) in einer asm A muss es

- links oder rechts (oder auf beiden Seiten) von (i, j) eine nächste Nicht-Null-Zelle[17] in Zeile i geben, von denen genau eine eine 1-Zelle ist: Wenn diese eindeutige 1-Zelle links von (i, j) liegt, dann nennen wir die Null-Zelle nach links orientiert, ansonsten nach rechts orientiert,
- oberhalb oder unterhalb (oder beides) von (i, j) eine nächste Nicht-Null-Zelle in Spalte j geben, von denen genau eine eine 1-Zelle ist: Wenn diese eindeutige 1-Zelle unterhalb von (i, j) liegt, dann nennen wir die Null-Zelle nach unten orientiert, ansonsten nach oben orientiert.

Eine Null-Zelle (i, j) nennen wir

- ru–Zelle (kurz für „nach rechts unten orientiert"), wenn sie nach rechts und nach unten orientiert ist,
- lo–Zelle (kurz für „nach links oben orientiert"), wenn sie nach links und nach oben orientiert ist,

---

[17] „Nächste Nicht-Null-Zelle" meint: Es gibt dazwischen keine weitere Nicht-Null-Zelle.

- ro–Zelle (kurz für „nach rechts oben orientiert"), wenn sie nach rechts und nach oben orientiert ist,
- lu–Zelle (kurz für „nach links unten orientiert"), wenn sie nach links und nach unten orientiert ist.

Siehe auch Abb. 3.9.

Bemerkung 3.8.3 In den hier präsentierten Abbildungen von asms sind

- die 1-Zellen mit dem Symbol ⊕
- und die (-1)-Zellen mit dem Symbol ⊖
- und die ru–Zellen durch kleine rechtwinkelig-gleichschenkelige Dreiecke, wo die Schenkel des rechten Winkels nach rechts und nach unten „zeigen",
- und die lo–Zellen durch kleine rechtwinkelig-gleichschenkelige Dreiecke, wo die Schenkel des rechten Winkels nach links und nach oben „zeigen"

grafisch dargestellt.

Mit diesen einfachen Begriffen können wir zunächst Inversionen (einer Permutation σ) in der Permutationsmatrix von σ anders beschreiben: Einer ru–Zellen in der Permutationsmatrix $A = (\delta_{i,\sigma(j)})$ einer Permutation $\sigma \in \mathfrak{S}_n$ entspricht eine eindeutige Inversion von σ, denn (i, j) ist eine ru–Zelle genau dann, wenn

- die nächste Eintragung 1 in der Zeile i in einer Spalte y rechts von Spalte j liegt, also wenn $y = \sigma^{-1}(i) > j$ gilt,
- und die nächste Eintragung 1 in der Spalte j in einer Zeile z unterhalb von Zeile i liegt, also wenn $z = \sigma(j) > i$ gilt.

Das ist aber äquivalent zu

$$j < y \text{ und } \sigma(j) > (i = \sigma(y)),$$

d. h., (j, y) ist eine Inversion der Permutation σ.

Beispiel 3.8.4 Wenn wir für die Permutationsmatrix aus Beispiel 3.8.3 die Nullen, die einer ru–Zellen entsprechen, durch Eintragung $\bar{0}$ ersetzen, dann sieht das so aus:

$$\begin{bmatrix} \bar{0} & \bar{0} & 1 & 0 & 0 & 0 \\ \bar{0} & \bar{0} & 0 & \bar{0} & 1 & 0 \\ \bar{0} & 1 & 0 & 0 & 0 & 0 \\ \bar{0} & 0 & 0 & 1 & 0 & 0 \\ \bar{0} & 0 & 0 & 0 & 0 & 1 \\ 1 & 0 & 0 & 0 & 0 & 0 \end{bmatrix},$$

3.8 Alternating Sign Matrices und Descending...

und wenn wir hier die Anzahl der Eintragungen $\overline{0}$ pro Zeile zählen, erhalten wir das Inversionswort

$$(2, 3, 1, 1, 1).$$

Das können wir nun auf asms verallgemeinern: Die vierfache Summe (3.32), die die Anzahl der Inversionen einer asm definiert, können wir so schreiben:

$$\sum_{(i,l)=(1,1)}^{(n,n)} \sum_{(k,j)=(i+1,l+1)}^{(n,n)} A_{i,j} \cdot A_{k,l}.$$

Die innere Summe ist dabei einfach das Produkt

$$\left(\sum_{k=i+1}^{n} A_{k,l}\right) \cdot \left(\sum_{j=l+1}^{n} A_{i,j}\right).$$

Die beiden Summen, die die Faktoren dieses Produkts sind, sind Teilsummen über die Matrixeinträge

- in Spalte l, unterhalb von Zeile i,
- und in Zeile i, rechts von Spalte l,

und können daher nur die Werte 0 oder 1 ergeben: Das ganze Produkt kann daher natürlich auch nur 0 oder 1 sein, und wir sehen, dass es mit der Iverson-Notation einfach so ausgedrückt werden kann:

$$[\,(i,l) \text{ ist eine } (-1) - \text{Zelle oder eine ru-Zelle}\,].$$

Also ist die Anzahl der Inversionen (gemäß (3.32)) einer asm A gleich der Anzahl der ru–Zellen von A plus die Anzahl der (-1)-Zellen von A, und wir sehen, dass die Anzahl der Inversionen einer asm tatsächlich eine Verallgemeinerung der Anzahl der Inversionen einer Permutation π darstellt (die ja gleich der Anzahl der ru–Zellen in der π entsprechenden Permutationsmatrix ist, wie wir gerade überlegt haben).

3.8.8 Quadrupel von Statistiken, reformuliert

Auf Basis der vorangegangenen Überlegungen können wir das Quadrupel von Statistiken für asms reformulieren; in der folgenden Tabelle stellen wir die Definitionen für dpps und asms einander gegenüber:

	Definition der Statistik f:	
f	für $D \in \mathcal{D}_n$:	für $A \in \mathcal{A}_n$:
p	# (Teile gleich n)	# (ru–Zellen in erster Zeile)
i	# (Teile)	# (ru–Zellen)+ # ((-1)-Zellen)
s	# (spezielle Teile)	# ((-1)-Zellen)
q	# (Teile $(n-1)$) + # (Zeilen der Länge $(n-1)$)	# (lo–Zellen in letzter Zeile)

3.8.9 Es gibt gleich viele ru–Zellen wie lo–Zellen

Proposition 3.8.2 In jeder asm A ist die Anzahl der ru–Zellen gleich der Anzahl der lo–Zellen.

Beweis Wir zeigen das durch eine Bijektion (siehe Abb. 3.9): Für eine ru–Zelle (i, j) konstruieren wir zwei Wege, die beide

- in (i, j) starten,
- nur horizontale Schritte nach rechts oder vertikale Schritte nach unten machen,
- und die Richtung „horizontal oder vertikal" immer wechseln, wenn sie auf eine Nicht-Null-Zelle treffen.

Einer dieser beiden Wege startet mit einem horizontalen Schritt (nach rechts), der andere startet mit einem vertikalen Schritt (nach unten): Die Bilder in Abb. 3.9 illustrieren diese Konstruktion.

Es ist leicht zu sehen, dass der mit einem horizontalen Schritt startende Weg notwendigerweise mit einem vertikalen Schritt enden muss, und umgekehrt. Daher müssen die Wege einander in einer Zelle kreuzen, und jede solche „Kreuzungszelle" muss eine lo–Zelle sein (die Wege könnten einander in einer (-1)-Zelle zwar treffen, aber nicht kreuzen; siehe das rechte Bild in Abb. 3.9): Wir bilden also einfach (i, j) auf die erste Zelle (k, l) ab, in der eine Kreuzung auftritt. Aus Symmetriegründen (Spiegelung von A an der Nebendiagonalen ergibt Umkehrfunktion) ist sofort klar, dass diese Konstruktion eine Bijektion ergibt. □

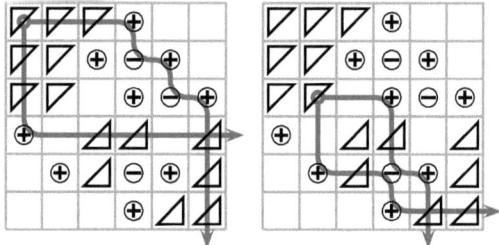

Abb. 3.9 Die Bijektion, die ru–Zellen auf lo–Zellen abbildet: Das linke Bild zeigt die zwei Wege, die für die ru–Zelle $(1, 1)$ konstruiert werden: Die erste Zelle, wo diese Wege einander kreuzen, ist die lo–Zelle $(4, 6)$, also wird $(1, 1)$ auf $(4, 6)$ abgebildet. Das rechte Bild zeigt die zwei Wege, die für die ru–Zelle $(3, 2)$ konstruiert werden: Die erste Zelle, wo diese Wege einander kreuzen, ist die lo–Zelle $(6, 5)$, also wird $(3, 2)$ auf $(6, 5)$ abgebildet. Wir sehen, dass diese Wege einander auch in der (-1)-Zelle $(5, 4)$ treffen (aber nicht kreuzen!)

3.8.10 Darstellung von dpps durch nichtüberschneidende Gitterpunktwege

Wenn eine Zeile i in einer dpp $\pi = (a_{i,j})$ kürzer ist als $(a_{i,i} - 1)$, d. h. wenn

$$\delta = (a_{i,i} - 1) - (\mu_i - i + 1) = a_{i,i} + i - \mu_i - 2 > 0$$

gilt, dann ergänzen wir diese Zeile durch δ „hinten angehängte Nullen"; d. h., die Länge einer so ergänzten Zeile ist die Anzahl der Nicht-Null-Teile in dieser Zeile.

Nun verwenden wir eine wohlbekannte Darstellung von „(shifted) tableaux"[18] als nichtüberschneidende Gitterpunktwege, d. h., wir repräsentieren eine dpp $\pi = (a_{i,j})$ der Dimension n mit r Zeilen als ein r-Tupel von nichtüberschneidende Gitterpunktwegen im Gitter $\mathbb{Z}^2$ (die leere dpp $\pi = \emptyset$ entspricht also „0 Gitterpunktwegen"). Die einfache Idee, die dieser Repräsentation zugrunde liegt, erkennt man sofort aus dem illustrativen Beispiel in Abb. 3.10; die Beschreibung in Worten lautet so: Diese Gitterpunktwege bestehen aus

- horizontalen Schritten nach rechts, also von (x, y) nach $(x + 1, y)$
- und vertikalen Schritten nach unten, also von (x, y) nach $(x, y - 1)$,

wobei für den i-ten Gitterpunktweg $\mathbf{p}_i$ ($1 \leq i \leq r$), der die Zeile i repräsentiert, gilt:

- Der Anfangspunkt von $\mathbf{p}_i$ ist gleich

$$S_i := (0, a_{i,i}),$$

d. h., $\mathbf{p}_i$ startet auf der vertikalen Achse auf der Höhe des ersten Teiles von Zeile i,

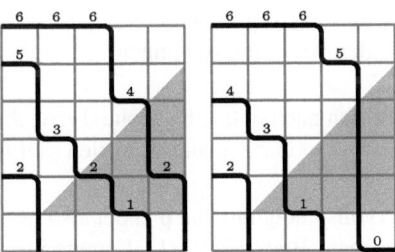

Abb. 3.10 Darstellung von dpps als Gitterpunktwege. Die im rechten Bild durch nichtüberschneidende Gitterpunktwege dargestellte dpp hat eine erste Zeile mit „ergänzten Nullen", und die speziellen Teile der dpps entsprechen den horizontalen Schritten mit Höhe >0 in dem „speziellen Bereich" unterhalb der Hauptdiagonalen $y = x$ (im Bild markiert als graues Dreieck)

---

[18] „Tableaux" und „shifted tableaux" sind ebenfalls sehr interessante kombinatorische Objekte.

- **p**$_i$ enthält insgesamt $a_{i,i} - 1$ horizontale Schritte, wobei der k-te horizontale Schritt auf der Höhe des k-ten Teiles von Zeile i (inklusive den eventuell angehängten Nullen) erfolgt; der Endpunkt von **p**$_i$ ist also

$$E_i := (a_{i,i} - 1, 0).$$

Es ist leicht zu sehen, dass die Familie $\mathcal{D}_n$ der n-dimensionalen dpps in Bijektion mit der Familie von nichtüberschneidende Gitterpunktwegen (wie gerade definiert) ist, für die kein Anfangspunkt eine Höhe größer als n hat. Die Anzahl der horizontalen Schritte eines solchen Gitterpunktwegs ist gleich

- der Länge der entsprechenden Zeile der zugehörigen dpp π
- plus die Anzahl der Schritte auf Höhe null (das ist die Anzahl der an die entsprechende Zeile in π angehängten Nullen),

und die speziellen Teile in π entsprechen horizontalen Schritten auf einer Höhe > 0 unterhalb der Diagonale $y = x$.

In Abb. 3.10 werden diese nichtüberschneidende Gitterpunktwege für die folgenden zwei dpps der Dimension 6 dargestellt:

$$\begin{array}{ccccc} 6 & 6 & 4 & \underline{2} & \\ & 5 & 3 & \underline{2} & \underline{1} \\ & & 2 & & \end{array} \qquad \begin{array}{ccccc} 6 & 6 & 6 & 5 & 0 \\ & 4 & 3 & \underline{1} & \\ & & 2 & & \end{array}$$

3.8.11 Bijektion zwischen Inversionsworten und dpps ohne spezielle Teile

Für irgendeinen „unvollständigen" Gitterpunktweg **p**, der in $(0, h)$ und in (x, y) endet, wobei $x \leq h - 1$ und $y \geq 0$ gilt, definieren wir die Vervollständigung von **p** als den Gitterpunktweg, den wir durch Anhängen

- von y vertikalen Schritten nach unten, bis Höhe 0 erreicht ist,
- und danach von $(h - 1 - x)$ horizontalen Schritten (auf Höhe 0 nach rechts)

an **p** erhalten: Diese Vervollständigung von **p** endet also in $(h - 1, 0)$.

Die von Striker angegebene Bijektion [Str11, Lemma 5] zwischen Inversionsworten und dpps ohne spezielle Teile entspricht der folgenden Konstruktion:

Wenn das Inversionswort $w = (a_1, a_2, \ldots, a_{n-1})$ gleich $(0, 0, \ldots, 0)$ ist, dann ordnen wir w einfach die leere dpp (ohne einen einzige Zeile) bzw. deren Gitterpunktwegrepräsentation (ohne einen einzigen Gitterpunktweg) zu.

Andernfalls drehen wir das Inversionswort $w = (a_1, a_2, \ldots, a_{n-1})$ um, betrachten also $\overline{w} = (b_1, b_2, \ldots, b_{n-1}) = (a_{n-1}, a_{n-2}, \ldots, a_1)$, und starten mit der Gitterpunktwegrepräsentation der leeren dpp, der wir schrittweise Gitterpunktwege anfügen: Sei k der kleinste Index, für den $b_k > 0$ gilt. Wir betrachten die folgende

Gitterpunktwegrepräsentation **p** von w: **p** startet in $(0, n - k + 1)$ und endet in $(a_1 + a_2 + \cdots + a_{n-1}, 0) = (b_1 + b_2 + \cdots + b_{n-1}, 0)$, nach b_j horizontalen Schritten auf Höhe $n - j + 1$, für $j = 1, 2, \ldots, n - 1$ (siehe Abb. 3.11). Diesen Gitterpunktweg **p** zerschneiden wir sukzessive in Teile, die wir (wenn erforderlich) wie oben beschrieben vervollständigen und zur Gitterpunktwegrepräsentation der dpp dazugeben, gemäß folgendem Konstruktionsalgorithmus:

Solange **p** einen horizontalen Schritt im speziellen Bereich (also unterhalb der Diagonalen $y = x$) enthält, zerschneiden wir **p** in seinem Schnittpunkt $Q = (h, h)$ mit der Diagonalen $y = x$ (der Begrenzung des speziellen Bereichs) in zwei Teile $\mathbf{p}_1$ (dieser Teil enthält den Anfangspunkt von **p**) und $\mathbf{p}_2$ (dieser Teil enthält den Endpunkt von **p**). Von $\mathbf{p}_2$ entfernen wir alle vertikalen Schritte, mit denen $\mathbf{p}_2$ möglicherweise beginnt,

- fügen die Vervollständigung von $\mathbf{p}_1$ zur Gitterpunktwegrepräsentation der dpp hinzu, die wir gerade konstruieren;
- verschieben $\mathbf{p}_2$ parallel um h Einheiten nach links, sodass das Ergebnis also einen Anfangspunkt auf der vertikalen Achse hat,
- und setzen **p** gleich diesem nach links verschobenen Teil $\mathbf{p}_2$.

Wenn zum Schluss noch ein Gitterpunktweg **p** übrigbleibt, der keinen horizontalen Schritt im speziellen Bereich enthält, dann fügen wir **p** noch zur Gitterpunktwegrepräsentation der dpp hinzu, die wir damit fertig konstruiert haben.

Abb. 3.11 zeigt eine Illustration dieser Konstruktion: Es ist leicht zu sehen, dass damit immer eine dpp ohne spezielle Teile entsteht und dass die so gegebene Abbildung von Inversionsworten auf dpps ohne spezielle Teile tatsächlich eine Bijektion ist.

3.8.12 Die Bijektionen von Striker und Lalonde respektieren die Statistik q nicht

Ein einfaches Beispiele zeigt, dass weder die Bijektion von Lalonde noch die von Striker die Statistik q respektieren: Siehe dazu Abb. 3.12.

3.8.13 Die Bijektion zwischen dpps ohne spezielle Teile und Permutationsmatrizen

Für unsere Konstruktion ist eine einfache Beobachtung wesentlich: Wenn eine dpp $\pi \in \mathcal{D}_n$ ohne spezielle Teile eine Zeile der Länge $(n - 1)$ hat, dann kann das nur die erste Zeile sein (es kann also nur eine solche Zeile geben), und diese erste Zeile muss

- mit einem Teil n beginnen (denn sonst könnte sie nicht Länge $(n - 1)$ haben, gemäß Bedingung 3 in Definition 3.8.1)

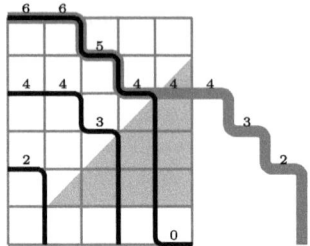

Abb. 3.11 Illustration der von Striker angegebenen Bijektion. Für das umgedrehte Inversionswort $\overline{w} = (2, 1, 3, 1, 1)$ betrachten wir die Repräsentation von $\overline{w}$ als Gitterpunktweg **p**, der also folgende horizontale Schritte enthält: 2 auf Höhe 6, 1 auf Höhe 5, 3 auf Höhe 4, 1 auf Höhe 3 und 1 auf Höhe 2. Dieser Gitterpunktweg **p** ist hier als dicke graue Linie gezeichnet. Solange **p** einen horizontalen Schritt in dem speziellen Bereich (grau markiert, unterhalb der Diagonalen $y = x$) enthält, zerschneiden wir **p** in den Teil $\mathbf{p}_1$ bis zum Schnittpunkt Q mit der Diagonalen $y = x$; diesen Teil $\mathbf{p}_1$ vervollständigen wir und fügen ihn zur entstehenden Gitterpunktwegrepräsentation einer dpp hinzu, und den Teil $\mathbf{p}_2$ ab dem Schnittpunkt Q; diesen Teil $\mathbf{p}_2$ verschieben wir parallel so weit nach links, dass Q auf der vertikalen Achse zu liegen kommt, und setzen **p** gleich diesem verschobenen Teil; ohne allfällige vertikale Anfangsschritte. Die Durchführung dieses kleinen Konstruktionsalgorithmus ergibt die drei nichtüberschneidenden Gitterpunktwege, die hier mit dünnen schwarzen Linien gezeichnet sind

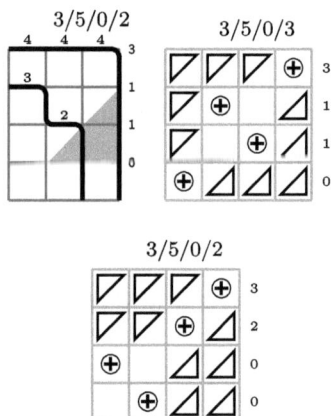

Abb. 3.12 Weder die Bijektion von Lalonde noch die von Striker respektieren die Statistik q. Für die vierdimensionale dpp $\pi = \begin{smallmatrix} 4 & 4 & 4 \\ & 3 & 2 \end{smallmatrix}$ gilt $q(\pi) = 2$, denn π hat einen Teil 3 und eine Zeile der Länge 3. Das Inversionswort (das in der bijektiven Konstruktion sowohl von Lalonde als auch von Striker verwendet wird), das der dpp π entspricht, ist $(3, 1, 1)$. Die Repräsentation von π durch nichtüberschneidende Gitterpunktwege ist im linken Bild gezeigt. Sowohl die Bijektion von Striker als auch die von Lalonde bilden π auf die asmab, die in dem rechten Bild gezeigt ist, und die Statistik $q = 3$ hat: Die Anzahl der lo-Zellen (grafisch dargestellt durch rechtwinkelig-gleichschenkelige Dreiecke, wo die Schenkel des rechten Winkels „nach links oben zeigen") in der letzten Zeile ist 3. Eine Bijektion, die das Quadrupel von Statistiken respektiert, muss π jedoch auf die asmabbilden, die im unteren Bild gezeigt ist: Denn π und diese asmsind die einzigen Objekte der Dimension 4 mit dem Quadrupel von Statistiken $(3, 5, 0, 2)$

3.8 Alternating Sign Matrices und Descending...

- und lauter Teile $\geq (n-1)$ enthalten (denn sonst gäbe es spezielle Teile: Das erkennt man sofort aus der Gitterpunktwegrepräsentation von π, siehe Abb. 3.11).

Wenn π keinen Teil n enthält, dann kann π aber höchstens $(n-2)$ Teile $(n-1)$ enthalten (wieder gemäß Bedingung 3 in Definition 3.8.1), also können wir das folgendermaßen zusammenfassen: Die Bedingung „Es gibt einen Weg der Länge $(n-1)$" für dpps ohne spezielle Teile ist äquivalent mit der Bedingung

$$\#\,(\text{Teile gleich } n) + \#\,(\text{Teile gleich } n-1) \geq n-1. \tag{3.34}$$

Unsere Konstruktion sieht nun so aus: Sei eine Permutationsmatrix A (also eine asm ohne Eintragungen (-1)) der Dimension n gegeben. Wir setzen $k = 1$, $A_1 = A$, und wiederholen den folgenden Schritt $(n-1)$-mal:

- Notiere die Anzahl a_{n-k} von ru–Zellen in der ersten Zeile von A_k,
- lösche die erste Zeile und die Spalte $a_k + 1$ (also die Spalte, in der die Eintragung 1 in der ersten Zeile steht),
- drehe die Matrix um 180°,
- setze A_{k+1} gleich der $(n-k) \times (n-k)$-Matrix, die auf diese Weise erhalten wurde, und ersetze k durch $k+1$.

Siehe Abb. 3.13 für eine Illustration dieser Konstruktion.

Wir behaupten, dass die Folge der $(n-1)$ Zahlen $(a_1, a_2, \ldots, a_{n-1})$, die wir durch diese Konstruktion erhalten, die folgenden Eigenschaften hat:

- $0 \leq a_k \leq k$ für $k = 1, 2, \ldots, n-1 \leftarrow [(a_1, a_2, \ldots, a_{n-1})$ ist ein Inversionswort],
- $a_{n-1} = p(A)$,
- $a_{n-2} = q(A) - [q(A) + p(A) \geq n] \leftarrow$ [Iversons Notation],
- $a_1 + a_2 + \cdots + a_{n-1} = i(A)$.

Außerdem behaupten wir, dass diese Konstruktion eine Bijektion zwischen Permutationsmatrizen und Inversionsworten ergibt.

Beweis Es ist klar, dass für für $k = 1, 2, \ldots, n-1$ immer $0 \leq a_{n-k} \leq n-k$ gilt, denn a_{n-k} ist (nach Konstruktion) die Anzahl von ru–Zellen in der ersten Zeile einer $(n-k+1) \times (n-k+1)$ Permutationsmatrix, und diese Anzahl ist natürlich kleiner als oder gleich $n-k$.

Nach Konstruktion gilt auch $a_{n-1} = p(A)$, denn $p(A)$ ist ja einfach die Anzahl der ru–Zellen in der ersten Zeile von $A = A_1$.

Von den $q(A)$ lo–Zellen in der letzten Zeile von A wird (genau) eine im ersten Schritt unserer Konstruktion dann und nur dann gelöscht, wenn $q(A) + p(A) \geq n$ gilt: Durch die Drehung am Ende dieses ersten Schrittes erscheinen genau die „überlebenden" (also nicht gelöschten) lo–Zellen als die ru–Zellen in der ersten Zeile der Matrix am Beginn des zweiten Schrittes, deren Anzahl a_{n-2} liefert.

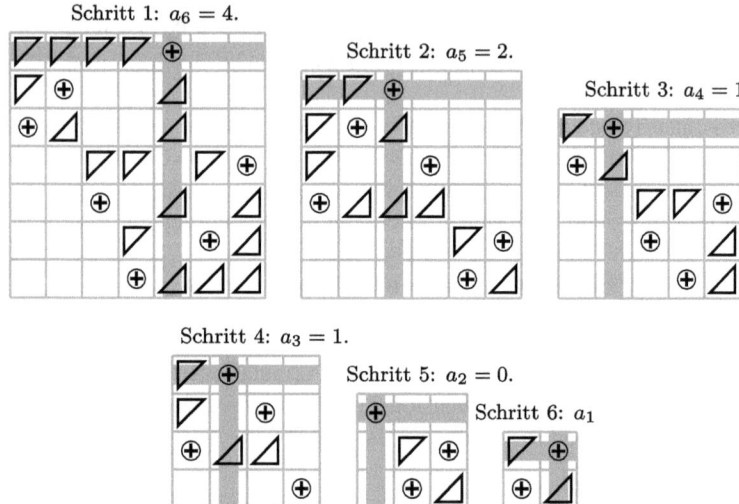

Abb. 3.13 Die Bilder zeigen die sechs Schritte der bijektiven Konstruktion für die (7×7)-Permutationsmatrix, die der Permutation $\sigma = (3, 2, 5, 7, 1, 6, 4)$ entspricht: Die Zeilen und Spalten, die in den einzelnen Schritten gelöscht werden, sind durch dicke graue Linien markiert; das Inversionswort, das durch die Konstruktion entsteht, ist $(4, 2, 1, 1, 0, 1)$

Wenn es a_{n-k} ru–Zellen in der ersten Zeile der $(n + 1 - k) \times (n + 1 - k)$-Matrix A_k (am Beginn von Schritt k) gibt, dann enthält die Spalte $a_{n-k} + 1$ von A_k genau a_{n-k} lo–Zellen, denn die Teilmatrix

- der Zeilen 2 bis $n + 1 - k$
- und Spalten 1 bis a_{n-k}

von A_k muss genau a_{n-k} 1-Zellen enthalten: Also ist in jedem Schritt

- die Anzahl der gelöschten ru–Zellen
- gleich der Anzahl der gelöschten lo–Zellen,

und nach $(n - 1)$ Schritten

- wurden alle ru–Zellen und alle lo–Zellen von A (gemäß Proposition 3.8.2 ist deren Anzahl doppelt so groß wie die Anzahl der ru–Zellen von A) gelöscht,
- und die Hälfte dieser Zellen wurden während der Konstruktion notiert; also ist $a_1 + \cdots + a_{n-1}$ gleich der Anzahl der ru–Zellen in A.

Es ist leicht zu sehen, dass die so konstruierte Abbildung von Permutationsmatrizen auf Inversionsworte injektiv ist, also ist sie eine Bijektion (denn die Menge der Permutationsmatrizen ist gleichmächtig mit der Menge der Inversionsworte). □

3.8 Alternating Sign Matrices und Descending...

Jetzt verwenden wir einfach die oben vorgestellte Bijektion von Striker [Str11] zwischen Inversionsworten und dpps ohne spezielle Teile. Diese Bijektion dreht ein Inversionswort $(a_1, a_2, \dots, a_{n-1})$ zunächst um, betrachtet also

$$(b_1, b_2, \dots, b_{n-1}) = (a_{n-1}, a_{n-2}, \dots, a_1),$$

und bildet es dann auf eine dpp π der Dimension n ohne spezielle Teile ab, die genau $b_i = a_{n-i}$ Teile $(n - i + 1)$ hat, daher erhalten wir

- $i(\pi) = a_1 + a_2 + \cdots + a_{n-1}$,
- $p(\pi) = b_1 = a_{n-1}$,
- $q(\pi) = a_{n-2} + \big[a_{n-2} + a_{n-1} \geq n - 1\big]$ ← [Iversons Notation].

Die letzte Behauptung ergibt sich daraus, dass

- a_{n-2} nach Konstruktion die Anzahl der Teile $(n - 1)$ in π ist
- und $\big[a_{n-2} + a_{n-1} \geq n - 1\big]$ genau dann 1 ist, wenn π eine (einzige!) Zeile der Länge $(n - 1)$ hat, gemäß Charakterisierung (3.34).

Wir behaupten, dass diese Bijektion zwischen

- dpps ohne spezielle Teile
- und asms ohne Eintragungen (-1)

tatsächlich das Quadrupel von Statistiken (p, i, s, q) respektiert.

Beweis Die Behauptung ist trivialerweise richtig für s (wir betrachten ja nur Objekte mit Statistik $s \equiv 0$), und wir haben bereits gesehen, dass sie auch für die Statistiken i und p richtig ist: Es bleibt also noch zu zeigen, dass sie für q gilt.

Die Statistik $q(\pi)$ ist die Summe

- der Anzahl der Teile $(n - 1)$ in π
- und der Anzahl der Zeilen der Länge $(n - 1)$ in π (es kann höchstens eine solche Zeile geben).

Wir haben bereits erkannt: Die (notwendige und hinreichende) Bedingung dafür, dass beim ersten Konstruktionsschritt (von $A = A_1$ zu A_2) eine lo–Zelle in der letzten Zeile von $A = A_1$ gelöscht wird, ist $p(A) + q(A) \geq n$.

Nach Konstruktion ist $p(A) = a_{n-1}$, und wenn wir

$$\epsilon := \big[q(A) + a_{n-1} \geq n\big]$$

setzen (unter Verwendung von Iversons Notation), dann ist (ebenso nach Konstruktion) die Anzahl der Teile $(n-1)$ in π gleich

$$a_{n-2} = q(A) - \epsilon.$$

Eine (einzige) Zeile der Länge $(n-1)$ in π gibt es gemäß Charakterisierung (3.34) genau dann, wenn $a_{n-2} + a_{n-1} \geq n - 1$ ist, also erhalten wir

$$q(\pi) = (q(A) - \epsilon) + \big[(q(A) - \epsilon) + a_{n-1} \geq n - 1\big].$$

Wir unterscheiden die zwei Fälle:

- ($\epsilon = 1 \iff q(A) + a_{n-1} \geq n$): Das impliziert $\big[q(A) - \epsilon + a_{n-1} \geq n - 1\big] = \epsilon$.
- ($\epsilon = 0 \iff q(A) + a_{n-1} < n$): Wir sehen, dass $q(A) + a_{n-1} = q(A) + p(A) = n - 1$ für eine Permutationsmatrix unmöglich ist, denn das würde bedeuten, dass die Eintragungen 1 für die erste und die letzte Zeile in derselben Spalte stehen. Also muss in diesem Fall $q(A) + a_{n-1} < n - 1$ gelten, und wir erhalten wieder $\big[q(A) - \epsilon + a_{n-1} \geq n - 1\big] = \epsilon$.

Es gilt also in beiden Fällen

$$\big[(q(A) - \epsilon) + a_{n-1} \geq n - 1\big] = \epsilon,$$

also $q(\pi) = (q(A) - \epsilon) + \epsilon = q(A)$. □

Eine abschließende Bemerkung: Unsere Konstruktion „funktioniert", weil wir für dpps ohne spezielle Teile die einfache Charakterisierung (3.34) der Bedingung

Eine dpp π der Dimension n hat eine Zeile der Länge $n-1$

haben, der eine offensichtliche (und recht einfache) Bedingung für asms ohne Einträge (-1) entspricht: Vielleicht könnte eine solche „entsprechende Bedingung" für allgemeine asms bei der Suche nach einer „schönen" (und einfachen) Bijektion zwischen asms und dpps helfen.

3.9 Rückblick und Ausblick

Ich konnte hier nur eine kleine Auswahl aus dem sehr breit gefächerten Gebiet der Kombinatorik geben, und auch das engere Gebiet der abzählenden bzw. bijektiven Kombinatorik umfasst sehr viel mehr schöne und interessante Themen als die hier vorgestellten (zum Beispiel gibt es vielfältige und hochinteressante Beziehungen zwischen Partitionen und Determinanten, die wir hier betrachtet haben, und der Darstellungstheorie von Gruppen und Lie-Algebren): Ich hoffe aber, dass ich den

3.9 Rückblick und Ausblick

Leser*innen vor Augen führen konnte, wie kompliziert erscheinende Gleichungen manchmal „sofort durchschaubar" werden; einfach durch die Wahl der „richtigen" Betrachtungsweise (in der bijektiven Kombinatorik ist diese Betrachtungsweise oft die Deutung von Zahlen als Anzahlen passender kombinatorischer Objekte).

Natürlich kann man die Frage stellen, warum Zeit und Energie zum Beweis von Identitäten verwendet werden, die bereits auf anderem Wege gezeigt wurden: Aber Mathematik ist nicht nur die Suche nach Wahrheit (also nach einem Beweis), sondern auch nach Schönheit (also nach einem besonders eleganten Beweis), und mit dieser Ansicht bin ich nicht allein: Der ungarische Mathematiker Paul Erdös drückte das in dem sprachlichen Bild aus, die perfekten Beweise für mathematische Sätze würden von Gott in einem eigenen Buch (englisch: „THE BOOK") gesammelt. Erdös' Diktum führte übrigens zur Publikation einer irdischen Annäherung [AZ10] an „THE BOOK" durch die Mathematiker Martin Aigner und Günter Ziegler.

Die Suche nach neuen Erkenntnissen (und den perfekten Beweisen dafür) ist alles andere als abgeschlossen: Zum Beispiel sind viele Kolleg*innen (nicht nur ich) davon überzeugt, dass es eine „schöne" und einfache Bijektion zwischen asms und dpps gibt, und dass sie irgendwann auch gefunden wird.

Glossar

Basel 1–3 In der Finanzbranche übliche Bezeichnung für die in drei „Phasen" (1988, 2004 und 2008) erfolgten Festlegungen zum Risikomanagement in Banken durch das „Basel Committee on Banking Supervision" (benannt nach dessen Sitz in Basel/Schweiz).

Derivat (oder derivatives Finanzinstrument) Finanzgeschäft, das sich auf andere (einfachere) Finanzinstrumente bezieht, die in diesem Zusammenhang als Underlyings bezeichnet werden.

Hedge Risikominderndes Finanzgeschäft. (Dasselbe Wort bedeutet aber in der Zusammensetzung „Hedgefonds" etwas völlig anderes!)

Hedgeeffizienz Quantifizierung der Risikominderung durch ein Hedgegeschäft.

Hedging Risikoreduktion (oder Risikoelimination) für ein Geschäft durch ein oder mehrere ergänzende Geschäfte; im einfachsten Fall durch Verkauf („Glattstellen") einer „Position" (also eines gekauften oder verkauften Finanzinstruments).

Kassageschäft (Antonym: Termingeschäft) Geschäft, das „ganz normal" abgewickelt wird, also als (sofortiger) Tausch „(aktueller) Preis gegen Ware".

Riskmanagement Planvolles Umgehen mit (finanziellen) Risiken, auf Basis von Riskmeasurement.

Riskmeasurement Schätzung des (finanziellen) Risikos (gemessen durch Kenngrößen wie Standardabweichung oder Quantile) eines Investments, auf Basis von theoretischen Bewertungen und mathematischen Modellen.

Swap Zinstauschgeschäft: Im einfachsten Fall („plain vanilla") werden mit diesem derivativen Finanzinstrument (Underlying sind hier verschieden verzinste Ausleihungen) fixe gegen variable Zinszahlungen getauscht.

Termingeschäft (Antonym: Kassageschäft) Geschäft, das erst in der Zukunft („auf Termin") abgewickelt wird, aber zu einem Preis, der bereits heute festgelegt wird (Futures, Forward Rate Agreements).

Theoretische Bewertung Schätzung des Preises, der bei Kauf oder Verkauf eines Finanzinstruments vermutlich zu erzielen wäre, aus bekannten Marktinformationen und auf Basis mathematischer Modelle.

Underlying Finanzinstrument, das einem Derivat zugrunde liegt.

Literatur

[Aig01] M. Aigner. *Diskrete Mathematik*. 4. Vieweg, 2001.
[Ale96] C. Alexander. *The Handbook of Risk Management and Analysis*. John Wiley & Sons, 1996.
[And84] G. Andrews. *The Theory of Partitions*. Cambridge University Press, 1984.
[And87] Desiré André. "Solution directe du probleme résolu par M. Bertrand". In: *CR Acad. Sci. Paris* 105.436 (1887), S. 7.
[Art+99] P. Artzner u. a. "Coherent Measures of Risk". In: *Mathematical Finance* 9.3 (1999), S. 203–228.
[Ayy10] Arvind Ayyer. "A natural bijection between permutations and a family of descending plane partitions". In: European Journal of Combinatorics 31.7 (2010), S. 1785–1791.
[AW02] George Andrews und Jet Wimp. "Some-orthogonal polynomials and related Hankel determinants". In: *Rocky Mountain J. Math.* 32.2 (2002), S. 429–442.
[AZ10] M. Aigner und G. Ziegler. *Proofs from THE BOOK*. 4. Heidelberg Dordrecht London New York: Springer, 2010.
[Bre99] D. Bressoud. *Proofs and Confirmations: The Story of the Alternating Sign Matrix Conjecture*. New York: Cambridge University Press, 1999.
[BS73] Fischer Black und Myron Scholes. "The Pricing of Options and Corporate Liabilities". In: *Journal of Political Economy* 81.3 (1973), S. 637–654.
[BDZ12] Roger E. Behrend, Philippe Di Francesco und Paul. Zinn-Justin. "On the weighted enumeration of alternating sign matrices and descending plane partitions". In: *Journal of Combinatorial Theory, Series A* 119.2 (2012), S. 331–363.
[BDZ13] Roger E. Behrend, Philippe Di Francesco und Paul. Zinn-Justin. "A doubly-refined enumeration of alternating sign matrices and descending plane partitions". In: *Journal of Combinatorial Theory, Series* 120.2 (2013), S. 409–432.
[BLL98] F. Bergeron, G. Labelle und P. Leroux. *Combinatorial Species and tree-like Structures*. Bd. 67. Encyclopedia of Mathematics and its Applications. Cambridge University Press, 1998.
[Cam94] P.J. Cameron. *Combinatorics—Topics. Techniques, Algorithms*. Cambridge University Press, 1994.
[Ciga] J. Cigler. "Shifted Hankel determinants of Catalan numbers and related results II: Backward shifts". arXiv:2306.07733.
[Cigb] J. Cigler. "Some experimental observations about Hankel determinants of convolution powers of Catalan numbers". arXiv:2308.07642v2.
[Cigc] Johann Cigler. "A special class of Hankel determinants". arXiv:1302.4235.
[Dod66] C.L. Dodgson. "Condensation of Determinants, Being a New and Brief Method for Computing their Arithmetic Values". In: *Proceed. Roy. Soc. London* 15 (1866), S. 150–155.
[Duf96] D. Duffie. *Dynamic asset pricing theory*. 2nd. Princeton University Press, 1996.

© Der/die Herausgeber bzw. der/die Autor(en), exklusiv lizenziert an Springer-Verlag GmbH, DE, ein Teil von Springer Nature 2025
M. Fulmek, *Mathematik in Theorie und Praxis*, Vielfalt der Mathematik,
https://doi.org/10.1007/978-3-662-71593-2

[Eul53] Leonhard Euler. "De partitione numerorum". In: *Novi Commentarii Academiae Scientiarum Petropolitanae* 3 (1753), S. 125–169.
[EKM97] P. Embrechts, C. Klüppelberg und T. Mikosch. *Modelling Extremal Events*. Berlin: Springer, 1997.
[Ful] M. Fulmek. "Hankel Determinants of convoluted Catalan numbers and nonintersecting lattice paths: A bijective proof of Cigler's Conjecture". arXiv:2402.19127v2.
[Ful20] M. Fulmek. "A Statistics-Respecting Bijection Between Permutation Matrices and Descending Plane Partitions Without Special Parts". In: *Electron. J. Comb.* 27.1 (2020), P1.39.
[FF99] D. Foata und A. Fuchs. *Wahrscheinlichkeitsrechnung*. Birkhäuser, 1999.
[FK20] Ilse Fischer und Matjaž Konvalinka. "The First Bijective Proof of the Refined ASM Theorem". In: *Séminaire Lotharingien de Combinatoire* 84B.18 (2020), 12 pages.
[GV89] I.M. Gessel und X. Viennot. "Determinants, paths, and plane partitions". Preprint. 1989.
[GKP88] R.L. Graham, D.E. Knuth und O. Patashnik. *Concrete Mathematics*. Addison Wesley, 1988.
[Hul00] J.C. Hull. *Options, Futures, and Other Derivatives*. 4th. Prentice-Hall, 2000.
[Knu80] D.E. Knuth. *The Art of Computer Programming Vol. 2*. 2nd. Addison-Wesley, 1980.
[Kra90] Christian Krattenthaler. "Generating functions for plane partitions of a given shape". In: Manuscripta Mathematica 69.1 (1. Dez. 1990), S. 173– 201. https://doi.org/10.1007/BF02567918.
[Kup96] Greg Kuperberg. "Another proof of the alternative-sign matrix conjecture". In: *International Mathematics Research Notices* 3 (1996), S. 139–150.
[Lal06] Pierre Lalonde. "Alternating sign matrices with one − 1 under vertical reflection". In: *Journal of Combinatorial Theory, Series A* 113.6 (2006), S. 980–994.
[Lin73] B. Lindström. "On the vector representation of induced matroids". In: *Bull. London Math. Soc.* 5 (1973), S. 85–90.
[Mac16] P. A. MacMahon. *Combinatory Analysis*. Bd. 2. Cambridge University Press, 1916.
[McK69] Henry McKean. *Stochastic Integrals*. AMS Chelsea Publishing, 1969.
[Mer74] R.C. Merton. "On the Pricing of Corporate Debt: The Risk Structure of Interest Rates". In: *Journal of Finance* (1974), S. 449–470.
[MRR83] W.H Mills, David P. Robbins und Howard Rumsey Jr. "Alternating sign matrices and descending plane partitions". In: *Journal of Combinatorial Theory, Series A* 34.3 (1983), S. 340–359.
[Pre+92] W.H. Press u. a. *Numerical Recipes in C*. 2nd. Cambridge University Press, 1992.
[Reb08] R. Rebonato. *Interest-Rate Option Models*. 2nd. John Wiley & Sons, 1908.
[Ros03] S. M. Ross. *An elementary introduction to mathematical finance*. 2nd. Cambridge University Press, 2003.
[Sch66] L. Schmetterer. *Einführung in die mathematische Statistik*. 2nd. Springer, 1966.
[Skl59] Abe Sklar. "Fonctions de répartition à n dimensions et leurs marges". In: *Publ. Inst. Statist. Univ. Paris* 8 (1959), S. 229–231.
[Sta86] R. Stanley. *Enumerative Combinatorics*. Bd. 1. Wadsworth & Brooks/Cole, 1986.
[Str11] Jessica Striker. "A direct bijection between descending plane partitions with no special parts and permutation matrices". In: *Discrete Mathematics* 311.21 (2011), S. 2581–2585.
[Wil94] Herbert Wilf. *generatingfunctionology*. 2nd. Academic Press, 1994.
[Zei95] Doron Zeilberger. "Proof of the alternating sign matrix conjecture". In: *Electron. J. Comb.* 3 (1995), #R13.

Stichwortverzeichnis

A
Abgezinster Erwartungswert (risikolos), 46
Alternating Sign Matrix, 132
Angebotskurve, 19
Äquivalenz, 88
Arbitragegeschäft, 22
Arbitragemöglichkeit, 23
Asset Backed Security, 65
Ausfallrisiko, 64
Ausübung
  einer Option, 35
Auszahlungsfunktion, 35

B
Backtesting, 63
Barwert, 22
Binomialmodell
  mehrstufiges, 38
Binomialreihe, 78
Black-Merton-Scholes-Differenzialgleichung, 45
Black-Merton-Scholes-Formel, 40, 47
Black-Scholes-Formel, 47
Bonität, 33
Börse, 18
Box-Muller-Transformation, 57

C
Call, 35
Calloption, 35
Catalan-Zahlen, 111
CDO, 66
Cholesky-Zerlegung, 58
Chu-Vandermonde-Identität, 72
Collateralized Debt Obligation, 66
Copula, 62, 65

D
Darlehen, 29, 64
Demand curve, 19
Derivat, 36, 154
Derivatives Finanzinstrument, 153
Descending Plane Partition, 131
Determinante, 95
Devisentermingeschäft, 26
Diskontfaktor, 27, 30
Diversifikationseffekt, 64, 65
Divisionsalgorithmus, 75
Drift, 41
  einer geometrischen Brownschen Bewegung, 41

E
Effektive Rendite, 30
Eigenmittelerfordernis, 63
Einheitengruppe, 90
Entwickelter Markt
  freier Informationszugang, 23
  freier Marktzugang, 23
  Liquidität, 23
Erzeugende Funktion, 84
Europäische Zentralbank, 33
Expiry, 35
Exponentialreihe, 79

F
Fälligkeit, 35
Faltungsprodukt, 75
Fehlerfunktion, 48
Ferrers Diagramm, 82
Financial Engineering, 50
Finanzinstrument, 18
Finanzkrise, 63
Finanzmarkt, 18
First Loss Piece, 66
Formale Potenzreihe, 78
Forward Curve, 34
Forward Price, 26
Forward Rate, 34
Forward Rate Agreement, 33, 34
FRA, 33, 34
Future, 26

G
Gauß-Copula, 62
Geometric Brownian motion, 41
Geometrische Brownsche Bewegung, 41
Gerade Permutation, 90
Geschriebene Option, 35
Gitter
 ganzzahliges, 103
Gitterpunktweg, 103, 104
Gleichgewichtsargument, 23
Gleichwahrscheinlichkeit, 40
Grad, 74
 eines Polynoms, 74
Gruppe, 89, 94
guv-Verteilung, 51

H
Haltedauer, 51, 52
Hankel-Determinante, 113
Hedgeeffizienz, 29
Hedgegeschäft, 28, 37
Hedgingstrategie, 28
Hintereinanderausführung, 89
Historische Simulation, 55
Historische Volatilität, 48

I
Implizite Volatilität, 49
Interbankenhandel, 18, 33
Inversion einer Permutation, 92
Inversionswort, 135, 136, 147
Involution, 93, 94, 106, 127
Itô-Lemma, 44
Itô-Prozess, 44

K
Kardinalität, 71
Koeffizient, 74
Kohärentes Risikomaß, 53
Komposition, 89
Konfidenzniveau, 52
Konjugierte Partition, 82
Korrelation, 65
Kovarianzmatrix, 53, 60, 65
Kredit, 25, 64
Kreditgeschäft, 64
Kreditportfolio, 64

L
Laufzeit, 27
Leerverkauf, 25
Lexikografische Ordnung, 105
lo–Zelle, 139
Logarithmische Normalverteilung, 40, 41
lu–Zelle, 140

M
Market Maker, 21
Market-Maker-System, 20
Mehrstufiges Binomialmodell, 38
Monombasis, 75
Monotonie
 eines Risikomaßes, 53
Monte-Carlo-Simulation, 55

N
Nachfragekurve, 19
Nichtüberschneidend, 104, 105, 115, 123, 126
Nichtüberschneidende Gitterpunktwege, 104, 106, 115
No-Arbitrage-Prinzip, 23
Normalverteilte Zufallsvariable, 44
Normalverteilung, 40
Nullpolynom, 74, 77
Nullstelle, 75

O
Option, 35
 Ausübung, 35
 wertloser Verfall, 35
Optionsprämie, 35

P
Partition, 81
Partitionsfunktion, 82
Payoff, 35, 36

Stichwortverzeichnis

Payofffunktion, 35
Permutation, 88
Permutationswort, 135
Platzarbitrage, 23
Polynomargument, 74
Polynomring, 75
Portfolio, 24
Positive Homogenität
  eines Risikomaßes, 54
Potenzmenge, 40
Prämie, 35
  einer Option, 35
Prinzip des eindeutigen Preises, 22
Prozent, 30
Put, 35
Putoption, 35

Q
Quantil, 52

R
Randverteilung, 60
Rating, 65
Ratingagentur, 33
Replizierendes Portfolio, 24, 26, 34
Reproduktionseigenschaft der Normalverteilung, 53
Reproduktionssatz, 64
Return on Capital, 52
Risiko, 22, 37, 51
Risikomanagement, 63
Risk Adjusted Return On Capital, 52
Riskmeasurement, 153
ro–Zelle, 140
ru–Zelle, 139, 140

S
Securitisation, 65
Senior Tranche, 66
Sharpe Ratio, 52
Short Selling, 25
Signierte Menge, 93
Signum, 90, 93
Sklar-Theorem, 62
Sparguthaben, 29
Spiegelungsprinzip, 111
Spread, 21
Stillhalter*in, 35
Stochastische Differenzialgleichung, 44
Stochastischer Prozess, 40, 51
  zeitdiskreter, 40
  zeitstetiger, 40
Strikepreis, 35

Stützstelle, 32
  der Zinskurve, 32
Subadditivität
  eines Risikomaßes, 54
Supply curve, 19

T
Teil, 131
  einer Descending Plane Partition, 131
  einer Partition, 82
Termin, 26
Termingeschäft, 26
Terminkontrakt, 26
Terminkurs, 26
Tiling, 88
Tranche, 66
Tranchierung, 66
Translationsinvarianz
  eines Risikomaßes, 54
Transposition, 92, 93

U
Übereinstimmung mit der Realität, 63
Überkreuzen, 127
Überlagerung, 123
Überlebende, 115
Übersetzen, 129
Underlying, 35, 36, 153
Ungerade Permutation, 90

V
Value at Risk, 52
Varianz-Kovarianz-Methode, 53
Verbriefung, 65
Verzinsliches Anwachsen, 30
Verzinsung, 30
Volatilität, 41, 48
  historische, 48
  implizite, 49
Volatility Smile, 49
Volatility Surface, 49
Vorzeichen, 90, 93
Vorzeichenumkehrende Involution, 94, 105, 127

W
Wechselkurs, 27
Weg, 103
Wertloser Verfall
  einer Option, 35
Wertpapierleihe, 25
Wiener-Prozess, 44

Z

Zentraler Grenzwertsatz, 43
Zins, 27
Zinsbindung, 32
Zinseszinseffekt, 30
Zinskurve, 32, 49
Zinssatz
   annualisierter, 30
   jährlicher, 30
Zinstermingeschäft, 33, 34
Zufallsvariable, 40
Zufallszahlengenerator, 57
Zusammensetzung, 89

MIX
Papier aus verantwortungsvollen Quellen
Paper from responsible sources
FSC® C105338

If you have any concerns about our products,
you can contact us on
ProductSafety@springernature.com

In case Publisher is established outside the EU,
the EU authorized representative is:
**Springer Nature Customer Service Center GmbH
Europaplatz 3, 69115 Heidelberg, Germany**

Printed by Libri Plureos GmbH
in Hamburg, Germany